高速高精度光変調の
理論と実際

電気光学効果による光波制御

川西 哲也 著

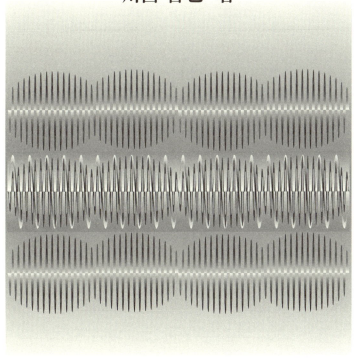

培風館

本書の無断複写は，著作権法上での例外を除き，禁じられています。
本書を複写される場合は，その都度当社の許諾を得てください。

まえがき

　光変調技術は電気信号と光信号をつなぐ役割をはたすもので，光技術と電子技術の境界に位置するといえる．光を制御するための物理と，電気信号・光信号を表現するための数学がふれあう境界でもある．また，光変調器は物理を駆使して，論理的に生成された情報を光にのせる機能を担っていて，物理とシステムの境界であるともいえる．

　これまでにも，光変調デバイス，変調理論を解説する教科書は枚挙にいとまがないが，前者は光デバイスを理解するための様々な物理の一部として，後者は高度な応用数学の一つとして取り上げられることが多かったのではないであろうか．このように，光変調器を理解するためには光デバイスと変調理論の両方を学ぶ必要があり，それぞれが非常に広がりのある分野で，筆者自身，深みの大きさに気が遠くなっていた記憶がある．例えば，本書で主題とする変調器の原理である電気光学効果を説明するには，屈折率楕円体を理解する必要があるとされている．一方，変調理論で重要な役割をもつ特殊関数の一つであるベッセル関数の解説には，直交性の議論や一般的な条件での定義の説明が詳細にされるというのが一般的なスタイルである．

　これに対して，本書では，光変調器を理解するうえで必要な物理と数学をコンパクトにまとめることを試みた．光変調器の動作はきわめて正確に数式で記述できることが知られていて，理論の深みに入り込めば，必ず実験結果がそれに応えてくれるという，光デバイスのなかではめずらしい存在でもある．光変調器の出力ほど正確に特殊関数の振る舞いに一致するものは，あまりみあたらないのではないであろうか．また本書では，実用となっている光変調器，光通信技術の実際についてもなるべく詳しく述べることに努めた．数学的記述を極力省略せずにていねいにする一方で，現実のデバイスで起きる揺らぎの影響をどのように抑えるか，変調器を動作させるために必要となる光信号・電気信号

をどのように準備するべきなのかといった点にも紙面をさいた．光変調器は光通信システムの要であり，また，光変調の高精度化が進み，光ファイバ通信と電波による無線通信とを結びつける役割ももちつつある．光変調器自体のみならず，光ファイバ通信システム，光応用計測技術を学ぶうえで有用な内容を盛り込んだ．さらに，数学的記述が実用デバイスの動作を説明するうえでいかに役に立つかを理解するという視点で，応用数学分野の学生にも興味をもってもらえるように心がけた．

本書には，筆者のかかわった光変調に関する最新の研究成果も取り上げた．共同研究でご一緒させていただいた皆様に感謝の意を表したい．高速変調器に関する共同研究では情報通信研究機構の坂本高秀氏，菅野敦史氏，稲垣惠三氏，住友大阪セメント新規技術研究所の皆様とは長年にわたりご一緒させていただいた．黎明期からこの分野をリードされてきた早稲田大学の中島啓幾教授，井筒雅之教授には，高速光変調器に関して様々なご指導をいただいた．京都大学時代の恩師，小倉久直名誉教授には，数式ほど簡潔に物事を記述できるものは他にないこと，また，実用としての価値を高めるために，正確に議論すべきことを教わった．ご教授いただいたことが本書で活かしきれているかは不安ではあるが，幅広い分野の読者に受け入れてもらえれば幸いである．

最後に，筆の遅い筆者にしびれを切らさずに，的確なアドバイスを下さった培風館編集部の皆様に感謝したい．

2016 年 5 月

著者しるす

目　次

1. はじめに 1
   1.1 光変調技術のもつ機能と役割　3
   1.2 各種光変調技術の概要　7
   1.3 本書の構成　11

2. 電気光学効果による光変調の動作原理 13
   2.1 光変調の数学的表現　13
   2.2 光位相変調　15
   2.3 振幅・強度変調　28
   2.4 ベクトル変調　54
   2.5 光変調信号の安定性について　60

3. 各種デジタル変調方式と光変調器 65
   3.1 2値変調　65
   3.2 多値変調　76

4. 光変調によるサイドバンド発生 83
   4.1 ベッセル関数による位相変調の数学的表現　83
   4.2 位相変調によるサイドバンドの発生　96
   4.3 マッハツェンダー変調器によるサイドバンドの発生　114

5. 両側波帯変調と単側波帯変調 127
   5.1 様々なバイアス条件における両側波帯変調　128
   5.2 単側波帯変調の原理と光周波数シフト　141

6. 光スペクトルを用いた MZ 変調器の評価 *153*
    6.1 半波長電圧とチャープパラメータの測定   153
    6.2 並列マッハツェンダー変調器の評価方法   158

関 連 図 書 *169*

索　　　引 *175*

1
はじめに

　以前，バブル期を題材とした映画が話題となったが，その中で，現代物理学では実現が困難とされているタイムマシンが中心的役割をはたしていた [1]。その一方で，当時と現在の社会風俗，ライフスタイルの違いがリアルかつコミカルに描かれていた。身近な技術で印象的であったのは携帯電話の有無である。通信技術が普及する以前の映画やテレビドラマでは待ち合わせ場所でのすれ違いがストーリーを作る重要なアイテムであったが，いまでは想定しづらい状況であろう。タクシーに客が殺到するというのは景気の良さを示す表現となりうるが，交通インフラがバブル期から現在に至るまで庶民に提供する基本機能は大きく変わっていないのに対して，情報通信の変化が社会に与えたインパクトの大きさがみてとれる [2]。

　交通と通信の対比でいえば，いまや「ひかり」といえば新幹線というよりも先にインターネットが思い浮かぶのではないだろうか。携帯電話のシステムにおいても「ひかり」が様々な形で利用されており，誰もが「ひかり」による通信，すなわち，光通信を身近に使っていることになる。最近ではさらに，メールを消さずにためる，ハードディスクレコーダにどんどん録画する，デジタルオーディオプレイヤーに音楽をため込む，デジタルカメラでどんどん撮影するといった，とにかくデータを保存しておいて必要なときに選んで取り出すというライフスタイルが広がりつつあり，大量のデータをスムーズにやりとりする技術が求められている [3]。

　携帯電話などの無線伝送技術は，その利便性から利用が急速に広がり，携帯電話の回線数が固定電話のそれを超えて久しい [4]。最近では，スマートフォンの普及により，無線データ通信需要が急増している。高速通信には光ファイ

バが適しており家庭向けの接続サービスが広まりつつあるが，プロバイダからのデータをやりとりする**光回線終端装置** (ONU: Optical Network Unit) から各端末への接続は**無線 LAN** (Local Area Network) が広く使われている．同じ性能，同じコストであれば，その利便性からユーザは無線接続を望むことは議論の余地がない．また，無線通信システムは，その自由度の大きさから東日本大震災のような非常時にも大きな威力を発揮する [4]．一方で，利用可能な電波の帯域に限りがあるという大きな問題があり，地上波テレビ放送のデジタル化の目的の一つが，電波の有効利用であることは周知のとおりである．光ファイバにおいては，光ファイバを増設することで通信能力の拡大が比較的容易に可能であるということと対照的である．無線技術の利用が急拡大するなかで，限られた電波資源でどのように質の高いサービスを実現するかという課題があり，光通信ネットワークと無線システムの融合の重要性が高まりつつあることは論を待たない．例えば，ユーザのなるべく近くまで光通信で情報を伝えて，電波資源の利用を最小にとどめながら無線通信のもつ利便性を確保するための**モバイルバックホール** (携帯電話基地局とネットワークをつなぐ回線) の開発が注目を集めている [5]．

　無線通信，光通信ともに信号を発生させる送信装置，信号を伝える伝送メディア (光ファイバや電波など) と受信装置が構成要素となるが，これまで，必要とされてきた性能は大きく異なっていた．無線通信では他のサービスに悪影響を及ぼさないようにするために，送信信号の強度や質について電波法に基づき厳格な制限が課されている．一方で，光通信では高速性が求められるという特徴がある．つまり，無線では正確さ，光では速さが重要視されてきたといえる．しかし，最新の光通信システムでは，さらなる高速性とともに無線システムで要求されるレベルの精度をもつ送信技術，受信技術が現実のものとなりつつある [3, 6]．

　光通信固有の要素として，光信号と電気信号を変換するためのデバイスがある．送信，受信側では情報を電気信号で表現する．光ファイバのもつ低損失，広帯域という伝送に適した特性を活用するためには「光から電気へ」，「電気から光へ」の変換の機能および性能がきわめて重要である．

　本書では，「光から電気へ」への変換，すなわち電気信号で光を変化させる技術である「光変調」について解説する．特に，高速光通信のみならず無線シス

テムにおいても利用可能な速度と精度を兼ね備えた「高速高精度光変調技術」に焦点をあてたい。図 1.1 に既存の光変調技術，無線変調技術と本書で議論する高速高精度光変調技術の位置づけを示した。高速でありかつ高精度な光変調は光通信システムの革新を支えるのみならず，光を究極に速く正確にあやつるというもので学術的にも興味深い。また，電波天文や精密計測など極限技術にもつながるもので，幅広い応用分野をもつ [7]。

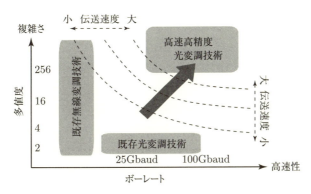

図 1.1 変調技術に要求される速度と精度。横軸は変調速度 (ボーレート)，縦軸は複雑さ (多値度)。ボーレートは 1 秒あたりの変調の回数，多値度は何通りの波形変化を情報伝送に用いるかを表す。

1.1 光変調技術のもつ機能と役割

伝送システムには，光波，電波，音波などの伝送メディアの「何か」を人為的に意味をもって変化させ，その変化を離れたところに伝え，そこから情報を取り出すという 3 つの要素が必要である [8, 9]。

1.1.1 変調と復調

変調は，伝送メディアの「何か」を変化させて伝送のための信号を発生させる機能のことをさし，波動の振幅や位相，周波数などを効率的かつ高速に変化させることが技術的課題となる。一方，**復調**は伝送メディアの「何か」から情報を取り出す機能を担う。

伝送システムの性能を表すもっとも直接的な指標は，より遠くにたくさんの

情報を伝える能力ということになる．例えば，人と人の会話では音波が伝送メディアとなる．小さな部屋では人の発する声で十分であるが，大きなホールではアンプやスピーカーで音を大きくする必要がある．より広い範囲に伝えるには，もっと大きなスピーカーを置けばよいのであろうか？　音が響くことで，聞き取りにくくなることがあるという経験をお持ちかもしれない．様々な反射をすることで，音が判別しにくくなっているのである．また，音量を大きくしすぎると音がひずんでかえって聞きづらくなることがあるが，これはなじみのある現象であろう．信号のもつエネルギーの大小だけではなく，受信側で情報を取り出しやすい形式の信号を変調で発生させることが重要である．

1.1.2 変調方式と変調器

どのような波形変化に情報をのせるのかを定めるルールのことを**変調方式**とよぶ．一方，変調のためのデバイスは**変調器**とよばれ，図1.2に示すように入力された情報を変調方式に従って出力光の波形を変化させる機能を担う．図1.3(上)に示すように，情報をもった波形は周波数領域で有限の幅をもつスペクトル成分となる．電波や音波といった空間的に広がる伝送メディアを使った場合，この周波数領域を他の目的に共用するのは困難である．このスペクトル幅のことを**占有帯域幅**という．占有帯域幅は伝送しようとする情報のもつ帯域幅に応じて増大するが，変調方式にも大きく依存する．無変調の光信号は，光源が安定しているとすれば周波数軸でみると図1.3(下)に示すように線状のスペクトル成分となる．実際には光源の揺らぎに相当する線幅をもつ．

現代の通信システムでは，より遠くへ情報を伝えるために，伝搬速度の高さ，利用可能帯域の広さから，情報通信の伝送メディアとしては有線では光波，無線では電波が使われることが多い．マルコーニ (G. Marconi) の火花送信機による無線通信の実用化以来 [10]，動作速度の高速化とともに変調方式の高度化

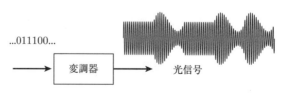

図 1.2　変調器の機能

1.1 光変調技術のもつ機能と役割

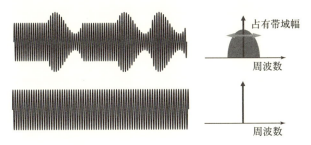

図 1.3 光信号と周波数領域での占有帯域。(上) 変調された信号波形。周波数領域で有限の幅をもつ。(下) 無変調信号波形。周波数領域で線状スペクトルとなる。

が伝送速度向上の鍵となってきた。地上波デジタルテレビ，次世代携帯電話や最新の無線 LAN などでは高度な変調方式の実用化が進んでおり，限られた電波資源において伝送能力を高めることに成功している。周波数帯域あたりの伝送能力は伝送速度 [bit/s] を所要周波数帯域幅 [Hz] で割ったもので表すことが可能で，最新の無線伝送技術では 10 [bit/s/Hz] を超える利用効率が実現している [11]。

一方，光通信においては，電気から光 (光変調)，光から電気へ (光復調) の変換が必要となる。光変調は，電気信号に応じた光信号を発生させる送信側の重要な機能を担う。光は電波に比べ周波数が格段に高く，光位相・周波数・振幅を統合的に制御することが以前は困難であったため，従来の光通信システムにおいては単純な変調方式が一般的であった。光ファイバで伝送可能な帯域がきわめて広く，帯域あたりの伝送能力を表す指標である**周波数利用効率**の向上の必要性があまり高くなかったことも，変調方式の高度化よりも動作速度の高速化に重点がおかれてきたことの大きな理由の一つである。

増大するデータ通信需要に対応するために，1 つの光ファイバに異なる波長の複数チャネルを設ける**波長多重技術**の開発が進み，2000 年以降にファイバ 1 本あたり 10 Tbps 以上の伝送速度が実現され [12, 13, 14]，現在では Tbps クラスの長距離海底ケーブルが実運用されている [15]。しかし，すでにファイバで伝送可能な帯域は波長多重技術 (図 1.4) により使い尽くされている状況で [16]，電波に比べて莫大な周波数資源を謳歌してきた光ファイバ通信においても，無線通信と同様に周波数利用効率向上が不可避の命題となりつつある [17]。

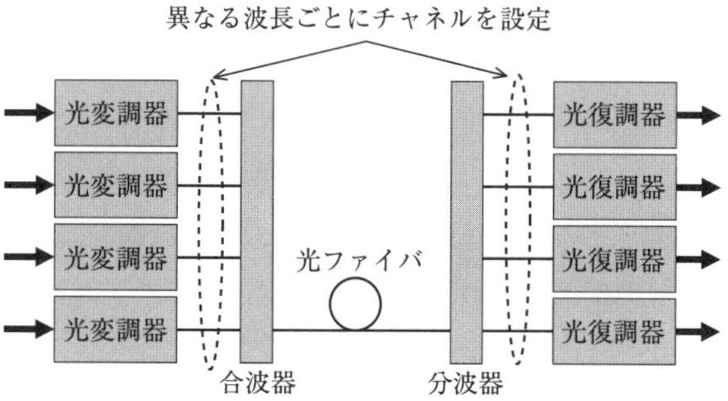

図 1.4 波長多重光通信システム

1.1.3 光変復調技術の高度化

　効率の高い高度な変調方式の実現には，光を自由に制御するための光変調技術と，光の状態を正確に検出するための光復調技術の性能向上が必須である．変調と復調はともに重要であることは論を待たない．対をなす技術であるのであわせて**変復調**とよばれることもある．ただし，研究開発の初期段階においては，光変調技術が先端研究においては先行するというケースがありうる．非常に高度な変調方式による伝送実験は現状では，送信側で高精度かつ高速で光波を制御するための変調器を開発し [18]，実時間での複雑な光信号発生を実現する一方で，受信側ではデータを高速で取り込んだものをコンピュータでオフライン処理し，復調アルゴリズム，復調器の有効性を間接的に実証するというものが多い [19]．もちろん，実システムで利用するためには復調側も実時間処理する必要があり，復調用の高性能デジタル信号処理技術の開発が精力的に進められている [20, 21, 22, 23]．つまり，変調技術は信号の源を担うということから，実システムにおける要素技術としてのみならず，復調技術など他の要素技術の開発を先導する役割をもちうるといえる．

　これらの研究開発の結果，無線技術ではすでに実用となっている高度な変調方式が光波においても可能となりつつある [24, 25]．光変調が以前より優位性をもっていた高速性に加えて精度の高さがえられたということは，追いかけるべき存在であった無線の変調技術に肩を並べたことを意味している．実際に高速無線伝送のために光変調技術を用いた例が報告されている [26, 27]．光ファイバで電波の波形を伝送する**ファイバ無線**技術で数 10 Gbps を超える超高速無

1.2 各種光変調技術の概要

線伝送が可能で,研究室レベルではあるが,世界最高速度無線伝送は光変調技術で達成されている [28]。

光波,電波とも電磁波の一種であるので,数学的には統一的に表現できるが,周波数,波長が大きく異なるために,実際の物理的性質や利用可能なデバイス技術を前提とした個別の議論が必要となる場合が多い。本書では,基本的に光ファイバでの伝送に適した 1.5 μm 程度の波長を想定する。この波長帯域ではファイバ内での伝送損失が小さいことと,性能の高い光ファイバアンプの実用化により,光変調で発生させた信号を光のままで太平洋を横断させることも可能である [15]。数 10 km ごとに設けられた光ファイバアンプで増幅を繰り返しながら,途中でデジタル信号に戻すことなく光信号を伝送させる。伝送距離が 10000 km 程度であるので,100 台以上のアンプを経由することになる。送信側で信号を発生させる光変調器が伝送性能全体にあたえる影響は大きく,以前より海底光ファイバ向けの光変調には変調精度と速度の両立が求められてきた [29, 30]。

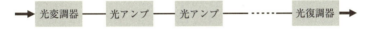

図 1.5 長距離光通信システムの構成

1.2 各種光変調技術の概要

1.2.1 直接変調と外部変調

光変調では,電気信号の変化で光の振幅,位相,周波数のいずれかを変化させる。もっともシンプルな方法として,レーザ光源に供給する電流 (注入電流) を変化させ,出力光の強度を制御する**直接変調**が幅広く利用されている [31]。しかし,動作速度に限界があり,変調精度が高くないという問題があり,高速・長距離伝送システムなどの精度と速度を必要とする分野では適用に限界があった。一方,**外部変調**では,光源の外部に設けた変調器で光の振幅や位相を高速に変化させる [32]。半導体や誘電体に電圧を印加し,光の吸収率や屈折率を変化させ,そこを通過する光の振幅や位相を制御する。

光源を懐中電灯に例えるならば,直接変調が電源スイッチで,外部変調が電

球の前に手をかざして,光に明暗をつけることに相当する。電源をオンオフすると過渡状態で電球の発する光の色も変化する可能性があるが,直接変調でも同様のことが起きる。注入電流を変化させると光強度とともに波長,すなわち光周波数が大きく変化する。強度変化に寄生的に発生する光位相や周波数の変化は**チャープ** (Chirp) とよばれている [33]。むしろ,波長変化が主で,強度もあわせて変化しているとみることもでき,波長調整もしくは光周波数変調に注入電流が使われることもある [34]。つまり,直接変調では,強度のみ,もしくは波長のみを独立に高精度で制御することが困難であるといえる。外部変調では光源からの出力は一定で,振幅,位相,周波数を個別の高精度かつ高速に制御することが可能である [24, 32]。

1.2.2 EA 効果と EO 効果

半導体は,バンドギャップ以上のエネルギーをもつ光子を吸収するが,電圧印加でバンド構造を変化させることが可能で,これによる光吸収率の変化を**電界吸収** (EA: Electro-Absorption) **効果**とよぶ。EA 効果による光強度変化を利用したものが,**電界吸収 (EA) 変調器**である [29, 32]。

一方,**電気光学** (EO: Electro-Optic) **変調器**は,圧電性をもつ誘電体の屈折率が電界に比例して変化するという**電気光学** (EO) **効果** (p.15 を参照) を利用する。光位相変化を動作原理としていて,強度変調は光干渉で,位相差を強度変化に変換する。

EA 変調器は直接変調に比べ高速性で優位性があり,また,レーザと集積が容易であるという特徴がある。しかし,EO 変調器と比べると EA 効果は強度変化に光位相変化がともなうために,位相・振幅の変化を駆使する高度な変調方式に対応するのは困難である。

EO 変調器は精度,高速性の両面で優位性がある。EO 効果のための材料としてはニオブ酸リチウム (LN : $LiNbO_3$) [35, 36, 37, 38, 39, 40] やタンタル酸リチウム (LT : $LiTaO_3$) [41] などの強誘電体や,バンドギャップが光ファイバ伝送に用いる $1.5\,\mu m$ に近いガリウムヒ素 (GaAs)[42],インジウムリン (InP)[43, 44] などの半導体が用いられる。最近では,ポリマーなどの有機 EO 材料の開発も進められている [45]。

1.2.3 LN 変調器

各種の変調器のなかで，ニオブ酸リチウム (LN) を用いた光変調器が光損失の少なさ，長期安定性，変調精度の高さなどから広く実用で利用されている。本書においては LN 光変調器を前提に議論するが，他の材料を用いた EO 変調器においても動作原理などは同様である。表 1.1 に各種変調技術の得失をまとめた [39, 46]。もっとも簡単な構成で実現可能な直接変調は上述のとおり高速性，機能，変調精度の点で課題があるが，光周波数変化を光フィルタ技術で強度変化に変換し，長距離伝送に適用可能な光変調を実現した例がある [47]。EA 変調器は小型で駆動電圧も低く，チャープも比較的小さいというメリットがあるが，吸収率変化を原理としているので，振幅を自由に制御することは困難で，高度な変調方式への対応は一般に容易でない。LN を用いた EO 変調器は駆動電圧の低減と小型化に課題があるが，制御精度，高速性の点で優れた性能を実現している。小型化に関しては数 cm 程度のサイズに達しており，個別部品としてパッケージした場合のサイズは半導体 EA 変調器とほぼ同等となっている。半導体による EO 変調器は小型化の点でメリットがあるが，EO 効果による屈折率変化に寄生的な吸収率の変化が生じるなど，動作の基本となる光位相制御の精度で LN や LT による位相変調と比較すると課題がある。

表 1.1 各種変調技術の比較 [46]

	直接変調	EA 変調器	EO 変調器 (LN)	EO 変調器 (半導体)
サイズ	◎	◎	×	○
駆動電圧	○	◎	△	○
低チャープ	×	△	◎	○
高速性	×	○	○	○
振幅変調	△	△	○	○
周波数変調	△	×	○	△
位相変調	×	×	◎	○

1.2.4 従来の変調方式・変調器

光通信でもっとも歴史があり広く普及している信号伝送方法は**強度変調直接検波** (IMDD: Intensity Modulation Direct Detection) とよばれるものである。送信側では光のオンオフを 2 通りの状態に "0" と "1" を割り当て，受信側で

は光信号を直接，光検出器で電気信号に変換する。この信号形式を**オンオフ変調** (OOK: On-Off-Keying) とよぶ。周波数利用効率の点では高度な変調方式に劣るが，構成がシンプルであるという大きなメリットがあり，現時点ではもっとも普及している。光検出器は光信号の位相，周波数には基本的に応答せず，光強度に比例した電気出力をえる。

光デジタル通信では，このようにいくつかの光波の「状態」にデジタル符号を割り当てて通信を実現するが，これらの光波の「状態」のことを**シンボル**とよぶ。OOK では光強度が 1 と 0 の状態をシンボルとして用いている。

光変調技術としては，レーザ直接変調，半導体吸収型 (EA) 変調器，電気光学 (EO) 変調器などのすべてが利用可能である。OOK では光強度だけを情報伝送に利用しているが，光周波数や光位相変化の影響を受けることがある。光周波数や光位相が大きく変化すると，図 1.3 に示した占有帯域幅が増大する。情報伝送に寄与しない帯域幅増大は周波数利用効率の低下につながる。

また，光ファイバ中を伝送する過程で光位相変化や周波数変化が強度変化に変換されるという現象がある。これは**分散**とよばれるもので，周波数成分ごとに伝送に要する時間にずれがあるために，位相変調成分と強度変調成分の間で相互の変換にともなう波形変化である。分散の効果は伝送距離に比例するため，もっとも簡単な構成のレーザ直接変調は，応答速度の限界に加えて，チャープ効果が非常に大きいという問題があり短距離用途が中心である。光通信に用いるデバイスが光周波数，すなわち，波長変化に対して透過率などの特性変化をもつ場合や，大きな分散効果をもつ場合にも，波長が大きく変化すると透過光強度が変動し，強度変調信号波形に影響をあたえることがある。

EA 変調器は小型で高速変調が可能であるのが特徴で，半導体レーザと集積したデバイスが実用化されている。EA 変調器においてもチャープの抑圧が課題であるが，海底ケーブルへの適用例がある [29]。EO 変調器は高速性と高い信号品質 (低チャープ性) の両立が可能であることが特長で，長距離高速通信用を含む幅広い分野で利用されている。チャープをほぼゼロに抑えることや，所望のチャープをあたえる構成などが実現している [24, 48, 49]。

1.2.5 高度な変調方式への対応

周波数利用効率の向上をめざした高度な変調方式には，もっぱら LN 変調器が用いられている．理想に近い振幅変調が可能で，光波の直交する 2 成分 (実数成分と虚数成分) を個別に制御することで，**4 値位相変調** (QPSK: Quadrature Phase-Shift-Keying) や [35, 50]，**直交振幅変調** (QAM: Quadrature Amplitude Modulation) が実現されている [24, 51, 52, 53, 54]．EA 変調器は基本的には強度変調器として利用されるが，小型という特長を生かした集積デバイスによる 16QAM が実現されている [55]．これらの信号の復調には光の位相情報をえるための技術が必要で，時間的にずれをもたせた光信号どうしを干渉させて位相変化量をえる**差動検波**や，高い性能の**デジタル信号処理** (DSP: Digital Signal Processing) により位相情報を推定する**デジタルコヒーレント**などが用いられる [19, 20, 50]．

さらに，EO 変調器では**周波数変調** (FSK: Frequency-Shift-Keying) や [56, 57, 58]，**光周波数シフト** [59, 60] なども可能である．これらの変調技術はデジタル・アナログを問わず様々な信号発生に応用が可能で，電波天文をはじめとする様々な分野で利用されている [61, 62, 63, 64]．今後，通信システムのさらなる伝送能力の向上，新規分野における新規応用分野の開拓を図るためには引き続き動作速度の高速化 (ハイボーレート化) への取り組みを進めるとともに，複雑な光信号発生への対応を高いレベルで両立することが重要となる (図 1.1)．

1.3 本書の構成

上述のとおり，本書では速度と精度の両立に適した EO 変調器の動作原理について述べ，高度な変調方式に対応するための構成，各種の信号発生への応用などを解説する．

まず，第 2 章では，時間領域での数学的表現を用いて，EO 変調器の基本となる位相変調と，これをベースにした各種変調技術の原理を説明する．特に，振幅変調を実現するためのマッハツェンダー構造を用いたマッハツェンダー変調器は重要である．ここでは基本動作の説明に重点をおいて，高速動作に関連する詳細の議論はしない．

第 3 章では，デジタル信号を伝送するための各種変調方式と，それを実現す

るための変調器構成について述べる．理論上，任意の信号発生を可能とする構成は数多く存在するが，実際の電気信号，光信号のもつ不完全性を考慮に入れると，実用上，有利な構成というのは限られている．ここでは，光源の揺らぎや電気回路の制限や，雑音の存在を前提とした議論を行う．

第4章では，高速信号に対する光変調器の挙動を理解するために，EO変調器に正弦波を入力した際に発生するサイドバンド成分について，周波数領域での数学的表現を用いて議論する．実際の変調信号は情報を含む複雑な波形であるが，電気工学，通信工学で一般に広く用いられている周波数成分に分割して理解するという手法をとる．正弦波信号での変調自体も電波天文 [7, 61]，無線応用などで利用が広がりつつある [3, 6]．

第5章では，幅広い応用をもつ両側波帯変調と単側波帯変調について，第6章では，サイドバンドから変調器の特性を評価する方法について紹介する．

本書では様々な参考文献を引用したが，光変調技術と関連技術を概観するためには文献 [3, 19, 30] などの各機関からの技術レポートや，文献 [17, 18] などの解説が有用である．また，無線通信，光通信の分野で歴史的にみてもインパクトのある論文もあげた [10, 12, 13, 14, 16, 38]．文献 [39] は光変調技術全般について詳細な情報を紹介している．各種の光変調技術をコンパクトにまとめた論文 [24, 32, 33] などは通読に適した文献であるといえる．

2
電気光学効果による光変調の動作原理

本章では，精度の高さと高速性の両立を可能とする電気光学効果による光変調器の動作原理について説明する。

2.1 光変調の数学的表現

図 2.1 に示すように*)，光変調器は，入力された光波に対して振幅または位相，周波数に変調信号に応じた変化を加えて，光出力をえるという機能をもつ。光入力，光出力，変調信号とも複数の要素を含むベクトルでありうるが，本書では，光信号に関しては 1 入力，1 出力とする。

変調信号 **V** が N 次元ベクトルであるとすると

$$\mathbf{V}(t) = [V_1(t), V_2(t), \cdots, V_N(t)] \tag{2.1}$$

とかける。一方，変調器に入力される光 (搬送波) Q は光振幅，周波数，位相が一定の単色光とするとフェーザ表示で

図 2.1 光変調器の構成

---

*) 図に示すように，変調器に光を入力する部分を「光入力」，光を出力する部分を「光出力」とよぶ。変調器や，議論の対象とする光導波路へ入力する光を「入力光」，出力する光を「出力光」とよぶ。上記の，光入力から入力する光を適宜，光入力，または入力光とよぶ。同様に，光出力で得られる光を光出力，または出力光とよぶことにする。

$$Q = E_0 \mathrm{e}^{\mathrm{i}\omega_0 t} \mathrm{e}^{\mathrm{i}\Phi_0} \tag{2.2}$$

と表される。ここで ω_0 と E_0 はそれぞれ入力光の角周波数と振幅である。光周波数は $f_0 = \omega_0/2\pi$, 真空中の波長は $\lambda_0 = c/f_0$ となる (c: 真空中の光速)。

光ファイバ通信ではファイバ内での光の伝搬損失がもっとも小さくなる波長 1550 nm 付近を中心とする波長帯が広く用いられている。光周波数では 193 THz 程度となる。光波長多重システムでは波長の異なる光源を用いて多数のチャネルを設けるが, 各光源の光周波数 (もしくは波長) が規定されている。例えば, チャネル間隔 50 GHz の場合, 各チャネルの光周波数は国際電気通信連合 (ITU: International Teleccomunication Union) の勧告 (ITU-T G694.1)[65] と, それに対応する情報通信技術委員会 (TTC: Telecommunications Technology Committee) による国内標準 (JT-G694.1)[66] において,

$$193.1 + N \times 0.05 \text{ [THz]} \tag{2.3}$$

とすることと定められている (N: 整数)。この式は光周波数 193.1 THz, 波長で表すと 1552.52 nm の光を基準として, 0.05 THz, つまり, 50 GHz の等間隔でチャネルを設けることを意味している。他に 100 GHz, 25 GHz, 12.5 GHz のチャネル間隔が規定されている。

一方, 光出力 (被変調信号) R は

$$R = KE(t)\mathrm{e}^{\mathrm{i}\omega_0 t}\mathrm{e}^{\mathrm{i}\Phi(t)} \tag{2.4}$$

と表すことができる。振幅 $E(t)$ と位相 $\Phi(t)$ は変調信号の汎関数である。K は変調信号をオフにしている場合においても, 変調器内部で発生する光信号の損失や光位相の変化を表す係数で, 変調器に増幅機能がない場合には, $|K| \leq 1$ となる。変調信号と被変調信号は一般に線形の関係にない。本書では変調器への電気信号入力 (変調信号) を実関数を用いて表現する。被変調信号である光出力を含む光信号はフェーザ表示を基本とするが, 適宜, 実関数表示も併用する。

波動を特徴づける量としては振幅, 位相, 周波数の 3 つがあるが, 搬送波周波数 f_0 を基準としてみたときにそこからの周波数変化 Δf は

$$\Delta f = f - f_0 = \frac{1}{2\pi}\frac{\mathrm{d}\Phi(t)}{\mathrm{d}t} \tag{2.5}$$

と位相変化の微分で表されるので, 上記の E_0 と Φ の 2 つの要素で被変調信号を一般的に表現可能である。ここで f は特定の時刻 t での周波数を表すもので

2.2 光位相変調

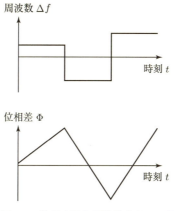

図 2.2 位相変調と周波数変調の関係

瞬時周波数とよばれる．図 2.2 に位相差の変化と周波数の関係を示した．例えば，位相変化 Φ が一定の微係数で増加し続けるときに，$\Delta f > 0$ で一定，つまり，瞬時周波数は搬送波周波数より高い値で一定値となる．

2.2 光位相変調

電気光学効果は，直接的には光位相の変化を発生させる．この節では，光位相変調の原理と光位相変調器の実際について紹介する．光位相変調器は各種の変調器の構成要素となるものであり，これらの動作原理の理解には光位相変調に関する知識が必須である．

2.2.1 電気光学効果をもつ光学材料

光波を透過させる性質のある材料，すなわち，光学材料に応力や電磁界，温度変化などの様々な外的物理力を加えると屈折率が変化する．このなかで，電界の印加による屈折率変化を**電気光学 (EO) 効果**とよぶ．

$LiNbO_3$ (LN)[35, 36, 37, 38] や $LiTaO_3$ (LT)[41]，GaAs [42]，InP [43, 44] など材料では，印加電圧に比例する屈折率変化が生じる．この現象は**狭義の電気光学 (EO) 効果**または**ポッケルス (Pockels) 効果**とよばれる．このような EO 効果をもつ材料のことを，以下では **EO 材料**とよぶ．一般には印加電圧の 2 乗，

3乗に比例する屈折率変化も生じるが，ポッケルス効果に比べると非常に小さい。ただし，ポッケルス効果は反転対称性のある結晶では存在しない。

印加電圧の2乗に比例する屈折率変化は**カー (Kerr) 効果**とよばれており，光ファイバ内の非線形現象の原因となっている。これらの非線形現象は，光波による電界の間でも発生しうるものであるが，本書では，光変調の原理となる「印加電圧による電界変化で屈折率を生じさせ，光波の伝搬に作用を及ぼす」という現象を対象とする。光波は 2.1 節で述べたように，200 THz に近い周波数で振動する電界をともなうが，印加する変調信号は 100 GHz 以下の低い周波数の成分からなる。信号伝送の視点からは変調信号は十分な高速性をもっていたとしても，光波の振動数からは圧倒的に低い周波数であり，変調信号による屈折率変化は材料内では定常的，もしくは準静的なものととらえることができる。

応力，温度，磁界よりも電界は高速に制御することが容易であることと，上述した LN, LT などの強誘電体，GaAs, InP などの半導体で生じる EO 効果が 100 GHz を超える高速の変化に対しても応答するため，これらの EO 材料による EO 効果は高速光変調に適している。

半導体材料は小型化に適していることと，レーザなどの他の光デバイスとの集積が可能であることから注目を集めている。また，有機非線形光学材料 [45] も高速性と大きい EO 効果をもつことから，今後の実用化が期待されている。LN や LT などの無機強誘電材料は，ポッケルス効果以外の高次の効果や寄生的に生じる光透過率の変化がきわめて少なく精密な光波制御が可能で，高い性能を必要とする高速光伝送や，高精度信号発生においてはもっぱらこれらの材料が用いられている。後述するが，LN は損失が少なく，かつ，光ファイバとの結合に適した光導波路をチタン拡散という手法で作製することが可能であるために，商用の変調器として広く利用されている。

本書では，以降，LN 変調器を主に議論の対象とするが，LT も類似の性質をもつ。また，GaAs, InP は寄生的に発生する透過率変化への注意が必要であるが，基本動作は同様に説明できる。

2.2.2 LN 結晶における電気光学効果

一般に，結晶は 3 つの結晶軸：a 軸，b 軸，c 軸を用いてその構造を表現する（六方晶系では a_1 軸，a_2 軸，a_3 軸，c 軸の 4 つを用いる）。LN 結晶は常温では

2.2 光位相変調

強誘電性をもち，自発分極をもつ．強誘電性をもつ結晶においては自発分極の方向をc軸とする慣習があり，c軸を**分極軸**，**光学軸**とよぶこともある．結晶内の光波伝搬は結晶光学として様々な性質が調べられている．ここではLN結晶における電気光学効果のなかで特に大きな効果をもち，光変調を理解するうえで必要な要素について紹介する．一般には屈折率楕円体を用いた議論が必要であり，他の詳細な性質については文献 [67] の 3.1 節などを参照されたい．

このc軸と印加電界，光波の電界の関係によって，EO効果の作用が異なる．また，LNはc軸に沿った方向と，それ以外の方向で屈折率が大きく異なる複屈折材料である．c軸に沿った方向に電界がある場合を**異常光線**，c軸に直交する電界をもつものを**常光線**とよぶ．波長1550 nmの常光線に対する屈折率 n_{0o} は 2.223，異常光線に対する屈折率 n_{0e} は 2.143 である．

以下では，c軸が z 方向となる座標系を用いて議論する．n_i ($i = 1, 2, 3$) が光波の x, y, z 方向の各成分に対する屈折率であるとすると，ポッケルス効果は

$$\Delta \frac{1}{n_i^2} = r_{ij} E_j \tag{2.6}$$

であたえられる (文献 [39] の 6.2 節参照)．ここで，$\Delta(1/n_i^2)$ はポッケルス効果による屈折率の 2 乗の逆数の変動を意味する．E_j ($j = 1, 2, 3$) は印加電圧の x, y, z 方向成分であり，r_{ij} が電気光学効果の大きさを表す．よって，r_{13}, r_{23}, r_{33} はc軸を z 方向としたときの，z 方向の印加電界による光波の x, y, z 方向の各成分に対する電気光学効果の大きさを表す．同様に，r_{11}, r_{21}, r_{31} は x 方向の印加電界，r_{12}, r_{22}, r_{32} は y 方向の印加電界による電気光学効果を表す．

ここで，

$$\frac{d(\frac{1}{n_i^2})}{dn_i} = -\frac{2}{n_i^3} \tag{2.7}$$

を用いると，屈折率変化 Δn_i は

$$\Delta n_i \simeq \Delta \frac{1}{n_i^2} \left[\frac{d(\frac{1}{n_i^2})}{dn_i} \right]^{-1}$$

$$= -\frac{n_i^3}{2} r_{ij} E_j \tag{2.8}$$

であたえられることがわかる．

もっとも強いEO効果が現れるのは，c軸と印加電界，光波電界がすべて平

行になる場合である。LN の場合，異常光線に対する c 軸方向の電界変化に対するポッケルス効果の大きさは電気光学係数 $r_{33} = 30.8 \times 10^{-12}$ [m/V] であたえられる。常光線に関する電気光学係数は $r_{13} = 8.6 \times 10^{-12}$ [m/V] で，対称性より $r_{23} = r_{13}$ となる。異常光線における効果に対して 1/3 程度である。つまり，異常光線 (光波電界が c 軸方向) に対するポッケルス効果は常光線に対する効果より 3 倍程度大きい。常光線に対して異常光線と同様の効果を得るためには，3 倍程度の電圧変化が必要となり，所要電力では 9 倍となるため，LN 光変調器においては，入力光の偏光面を回転させる目的の偏波変調器を除き，c 軸と光波電界を平行，つまり，図 2.3 に示すような異常光線として伝搬させ，印加電界もこれらに平行となるデバイス構造を用いる。以下では，c 軸に沿った印加電界の変化による屈折率変化を議論の対象とする。

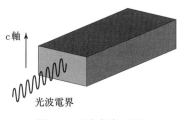

図 2.3 異常光線の伝搬

2.2.3 電気光学効果による光位相変調の原理

印加電界，光波電界ともに c 軸に平行であるとすると，EO 効果による屈折率変化 $\Delta n(t)$ は式 (2.8) より

$$\Delta n(t) = -\frac{n_0^3 r_{33} F(t)}{2} \tag{2.9}$$

となる。ここで，$F(t)$ は変調電圧による印加電界である。変調電圧を印加しないときの光波に対する屈折率 $n_0 = n_{0e}$ とした。EO 材料の異常光線 (電界が c 軸に平行な光波成分) に対する屈折率は

$$n = n_0 + \Delta n(t) \tag{2.10}$$

となる。c を真空中の光速とすると，これを屈折率 n で割った c/n が結晶中の光波伝搬速度となる。ここで，結晶内で光波が伝搬する物理的な距離を L とす

2.2 光位相変調

ると

$$\frac{L}{c/n} \tag{2.11}$$

が結晶内の光波伝搬に要する時間となる。図 2.3 においては，長手方向の長さが L に相当する。

出力光は，材料内での光損失を $K_L{}^{-1}$ とすると，入力光に対して伝搬に要する時間に相当する位相遅れが生じるために

$$\begin{aligned} KE(t)\mathrm{e}^{\mathrm{i}\omega_0 t}\mathrm{e}^{\mathrm{i}\Phi(t)} &= K_L E_0 \exp\left[\mathrm{i}\omega_0\left(t - \frac{L}{c/n}\right) + \mathrm{i}\Phi_0\right] \\ &= K_L E_0 \exp\left[\mathrm{i}\omega_0\left(t - \frac{n_0 L}{c} - \frac{\Delta n(t) L}{c}\right) + \mathrm{i}\Phi_0\right] \\ &= K_L \mathrm{e}^{\mathrm{i}(\Phi_0 - \omega_0 n_0 L/c)} E_0 \mathrm{e}^{\mathrm{i}\omega_0 t} \mathrm{e}^{-\mathrm{i}\omega_0 \Delta n(t) L/c} \end{aligned} \tag{2.12}$$

となる。K_L は透過率に相当する。式 (2.4) と対比すると

$$E(t) = E_0 \tag{2.13}$$

$$K = K_L \mathrm{e}^{\mathrm{i}(\Phi_0 - \omega_0 n_0 L/c)} \tag{2.14}$$

$$\Phi(t) = -\frac{\omega_0 \Delta n(t) L}{c} \tag{2.15}$$

$$= -\frac{2\pi f_0 \Delta n(t) L}{c} = -\frac{2\pi \Delta n(t) L}{\lambda_0} \tag{2.16}$$

となる。式 (2.13) は，電気光学効果は原理的には入力光の振幅もしくは強度に影響をあたえないことを意味している。しかし，材料によっては EO 効果に寄生的に発生する損失変化があり，光信号の品質に影響をあたえることがある。式 (2.14) は，材料内を光波が通過する際の材料そのものがもつ損失による減衰と伝搬遅延による位相ずれを表す。Φ_0 は入力光の初期位相 (変調器の入力部での時刻 $t = 0$ での光波の位相) である。時刻の原点の定義に依存する値で，一般に初期位相の絶対値が物理的意味をもつことはない。以下では

$$\Phi_0 = \frac{\omega_0 n_0 L}{c} \tag{2.17}$$

として，出力光の初期位相が時刻 $t = 0$ でゼロとなる表記を用いることとする。また，K_L を位相変調器の**透過率**とよぶ。

式 (2.15) は，EO 効果による屈折率変化の効果を示している。図 2.4 に示すように，屈折率に応じて伝搬遅延が増減し，光出力の位相が変化する。物理的

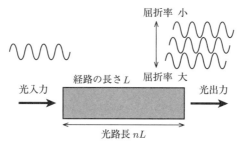

図 2.4 電気光学材料による光位相の変化

な長さに屈折率を乗じたものを**光路長**とよぶ．相当する経路 (図 2.4 の場合，長さ L の経路) において，光波の伝搬に要する時間が真空中での光路長に相当する距離における伝搬遅延と等しくなる．EO 効果は材料中の光波の伝搬速度を変化させ，結果として出力光の位相変化を生じさせる．式 (2.15) の比例係数に負号があるのは，屈折率が増加すると伝搬遅延が増大して位相が遅れることを意味している．$\Delta n(t)L$ は EO 効果による光路長変化であり，式 (2.16) は光路長変化が半波長と等しくなるときに位相が 180 度変化することを意味している．広く普及している LN 変調器の場合，デバイスの長さが数 cm で，材料内での光の波長が 1 μm 以下であるので，Δn は 10^{-4} から 10^{-5} 程度のオーダーであることがわかる．

　光位相変調は以下で述べる各種光変調技術のベースとなるもので，光の振幅や周波数などの制御を可能とする重要な要素技術であるが，光位相変化そのものを通信に用いるときにはその安定性に注意が必要である．また，複数の光位相変調器を組み合わせて複数の光波を干渉させるときには，各光信号間の相対位相関係が重要になる．2.3 節以降で述べるマッハツェンダー構造はその一例である．レーザ光からの光の位相がすでに大きな揺らぎをもっており，絶対的な位相の定義は困難である．一般的な通信用半導体レーザの位相揺らぎは数 MHz までの雑音成分を有している．外部共振器を用いたレーザでは，揺らぎ成分を数 kHz 以下まで抑圧した安定した光信号を発生するものもある．また，レーザと光変調器を接続するために用いる光ファイバ内においても温度変化などで光路長の変化が生じており，光位相の変動につながる．さらに，変調器内部での伝搬遅延による位相変化量 $e^{-i\omega_0 L/c}$ が数 10 ms から数年にかけて変動す

2.2 光位相変調

る現象が LN 変調器では存在することが知られている。この現象は **DC ドリフト** とよばれている。これらの詳細については 2.5 節で説明する。

2.2.4 光位相変調器の実際

図 2.5 に，光位相変調器の構造を示す。EO 効果をもつ材料に光の通り道 (光導波路) を設けて，これに沿った変調電極に印加した電圧で光導波路の屈折率を制御する。2.2.3 項で示したように，屈折率の増減により光位相を変化させることが可能となる。光導波路には様々なタイプがあるが，実用で広く使われている LN を EO 材料とした変調器の場合，チタン (Ti) 拡散による導波路が一般的である。Ti を熱拡散し，屈折率が高い部分をつくる。入力光は光ファイバと同じ原理で高い屈折率の部分を伝搬する。

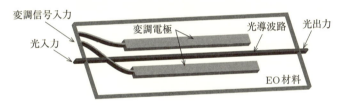

図 2.5 EO 効果による光位相変調器

印加電界 $F(t)$ は変調信号電圧 $V_1(t)$ に比例して変化する。その比例係数を Ω として，$F(t) = \Omega V_1(t)$ とかくと，式 (2.9) より，

$$\Xi \equiv -\frac{n_0^3 r_{33} \Omega}{2} \tag{2.18}$$

で定義される Ξ を用いて，電気光学効果による屈折率変化は

$$\Delta n(t) = \Xi V_1(t) \tag{2.19}$$

と表される。

さらに，

$$\Gamma \equiv -\frac{2\pi L \Xi}{\lambda_0} \tag{2.20}$$

で定義される Γ を用いると，式 (2.13)~(2.16) より，位相変調器の出力 R は

$$R = K_L E_0 e^{i\omega_0 t + i v_1(t)} \tag{2.21}$$

$$v_1(t) \equiv \Gamma V_1(t) \tag{2.22}$$

であたえられる．入力光とその初期位相はそれぞれ式 (2.2), (2.17) で表されるとした．ここで，$V_1(t)$ は電極に印加された電気信号 (変調信号) である．$v_1(t)$ は変調信号 $V_1(t)$ に比例する光位相変化であるが，以降，光変調信号についての議論をするときには，見通しをよくするために必要に応じてこれを**変調信号**とよぶこととする．複数の位相変調器を議論の対象とするときには，i 番目の変調器に対して電気回路内での変調信号 $V_i(t)$，光位相変化としてみたときの変調信号 $v_i(t)$ となる．

図 2.5 に示す位相変調器は変調電極を 1 つだけもつので，式 (2.1) は 1 次元ベクトル，つまり，スカラー $\mathbf{V}(t) = [V_1(t)]$ となる．また，Γ は印加電圧による電界と光波の電界の相互作用の程度を表す係数である．

Γ は印加電圧に対する光位相の変化の大きさを表し，変調器の効率を示す重要な指標である．$V_1(t)$ の周波数が高い場合には，変調器の効率を表す係数 Γ の変調信号周波数に対する依存性を考慮に入れる必要がある．商用の変調器では，位相変調器で π (180 度) に相当する光位相変化をえるために必要な電圧

$$V_{\pi\mathrm{PM}} \equiv \frac{\pi}{\Gamma} \tag{2.23}$$

を性能指標として用いることが多い．$V_{\pi\mathrm{PM}}$ は**半波長電圧**とよばれ，変調器駆動に必要な電圧を見積もるために利用される．変調信号のゼロピーク値 ($V_{0\mathrm{p}}$) が $V_{\pi\mathrm{PM}}$ と一致する場合を考えると，図 2.6 に示すように，光位相変化量 $\Phi_1(t)$ は $\pm\pi$ の間で，変調信号の周期と同じ周期で振動的な変化をする．図中のピークピーク値 (V_{pp}) は最大値と最小値の差であり，$V_{0\mathrm{p}}$ の 2 倍である．高周波回路で広く用いられている特性インピーダンス 50 Ω の伝送線路で電気回路が構

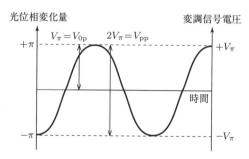

図 2.6 半波長電圧と等しい変調電圧振幅での位相変調

2.2 光位相変調

成されているとすると,所要電力は

$$\frac{V_{\pi\mathrm{PM}}^2}{100} \quad [\mathrm{W}] \tag{2.24}$$

となる.例えば,半波長電圧 $V_{\pi\mathrm{PM}}$ が 5 V であるとすると,変調信号として 250 mW の電力が必要となることがわかる.

変調効率の向上,すなわち,半波長電圧の低減には,変調電極に印加された信号により生じる電界が集中する部分に光導波路を設けることにより,式 (2.18) で定義される Ξ を増加させ,効率良く屈折率変化をえることが可能となる.

図 2.7 に,位相変調器の断面図を示した.2 つの接地電極にはさまれた信号電極をもつ**コプレーナ線路** (CPW: Coplanar Waveguide) を変調電極として用いた例である.CPW は数 10 GHz までの高い周波数の電気信号を伝えることが可能で,EO 材料基板の片面に電極をもつことと,外部回路との接続のための同軸線路との結合が容易であるという利点があり,商用の変調器で広く用いられている.

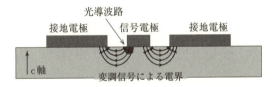

図 2.7 コプレーナ線路を用いた光位相変調器の断面図

図 2.8 に,電極として**マイクロストリップ線路** (MSL: Microstrip Line) を用いた例を示した.MSL は接地電極を裏面にもち,信号電極の分岐などが構成しやすいという利点があり,デバイスの中での高周波信号の伝送で広く利用されている.いずれの場合も,中心導体である信号電極のエッジ部分に電界が集中し,また,その向きが基板表面からほぼ垂直であるので,エッジ近くに光導波

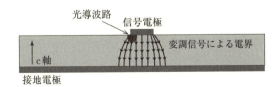

図 2.8 マイクロストリップ線路を用いた光位相変調器の断面図

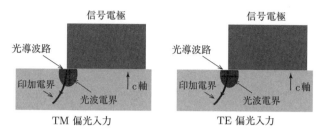

図 2.9 Z カット光位相変調器における結晶軸，印加電界，光波電界の関係

路をおき，光波の伝搬モードを TM 偏光 (電界成分が電極面に直交) とすると効率の高い EO 効果がえられる．LN の結晶軸 (c 軸) を印加電界と平行となる構成をとるために c 軸が基板面の直交する方向となっている．このような基板を **Z カット基板** とよぶ．

図 2.9 に，光導波路の部分の拡大図を示した．左図は TM 偏光，右図は TE 偏光入力のときの光波電界，印加電界，c 軸の関係を示したものである．TM 偏光のときにこれらすべてが平行となる．後述するが，複数の変調器でバランスよく光位相変調を実現するために，c 軸が基板面法線および光波伝搬方向に直交する結晶方位 (c 軸が図 2.9 において紙面内，水平方向となる) の基板を用いることがあるが，これは **X カット基板** とよばれる．Z カット基板の TE 偏光に対しては TM 偏光の 1/3 程度であるが，電気光学係数 r_{13} による屈折率変化

$$\Delta n_\mathrm{o}(t) = -\frac{n_{0\mathrm{o}}^3 r_{13} F(t)}{2} \tag{2.25}$$

が生じる．式 (2.9) に示される TM 偏光に対する屈折率変化量と比例係数が異なるので，印加電圧に依存して常光線，異常光線に対する光路長差に変化が生じる．つまり，TE 偏光と TM 偏光の両成分を同時に入力すると，変調信号の電圧に応じて両者の位相関係が変化し，出力光の偏光状態を直線偏光，円偏光などに制御できることになる．この原理は偏光変調器として利用されている．位相変調器として利用する場合には，r_{33} の電気光学効果を利用するほうが所要駆動電力の点で有利であるので，入力部で偏光が TM となるように調整し，不要成分抑圧のために出力部に TM 成分のみを透過する偏光子を設けることが多い．

2.2 光位相変調

本書では，これ以降 c 軸に沿った変調電界による，c 軸に沿った偏光の光波に対する変調を議論の対象とする．変調電極として CPW を用いた場合の Z カット基板内の電界の様子と c 軸方向の電界成分を図 2.10 に模式的に示した．中心導体 (信号電極) のエッジ付近 (C 点付近) でもっとも電界強度が強く，その向きは基板表面から見て鉛直下向きとなり，c 軸方向成分も最大となる．接地電極のエッジ部分 (A 点付近) においても電界が集中するが，その強度は信号電極のエッジ部分に比べると小さい．また，電界の向きは互いに逆となる．両電極の中間付近 (点 B) では電界の向きは水平方向となり，c 軸に沿った成分はゼロ

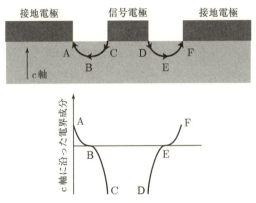

図 2.10 Z カット LN 基板内の変調信号による電界

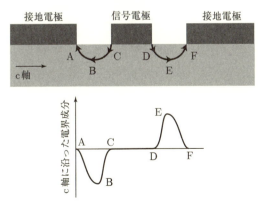

図 2.11 X カット LN 基板内の変調信号による電界

の近くなる．CPWは中心導体に対して面対称の構造をもち，電界も対象であり，点 D, E, F における c 軸に沿った電界振幅，それぞれ点 C, B, A と等しくなる．図 2.11 に示す X カット基板の場合，c 軸に沿った電界振幅は信号電極と接地電極の中間付近 (点 B) で最大となる．点 E においても同様であるが，電界振幅の符号が逆になるという特徴がある．これらのなかで，Z カット基板における信号電極エッジ付近がもっとも電界強度が強いので，位相変調器では図 2.7 に示す構造を用いるのが一般的である．

2.2.5 進行波型電極による高速動作

光導波路に沿った長い電極を用いることは，変調信号による電界と光波の間の相互作用の増大に有効である．式 (2.20) からわかるように，Ξ が一定であるとすると，デバイスの長さ L を大きくすると Γ が増加し，$V_{\pi\mathrm{PM}}$ の低減につながる (図 2.12)．電極に印加された電気信号の波長が電極の長さよりも十分大きいときには Γ をほぼ一定と考えることもできるが，変調信号が高い周波数成分をもつときには電極を分布常数線路として取り扱う必要がある．導波路中を伝搬する光波に沿って，変調信号が CPW などの伝送線路上を進み，長い距離にわたって光波に相互作用をえることが可能である．

図 2.12　進行波電極を用いた光位相変調器

変調効果の加算はベクトル的で，複素平面上での和として表される．導波路中の光波と伝送線路上の変調信号の速度に差があると，位置によりベクトル的な加算の方向にずれが生じて，距離を伸ばしても変調効率が上がらないという問題が生じる．変調器の長手方向に位相変調の効果が同相で積算されていくためには，導波路中の光波と伝送線路上の変調信号の速度が一致することが重要である (数学的な説明は 4.2.3 項を参照)．光波と電気信号は，伝搬のメカニズ

2.2 光位相変調

ムと,その材料が異なるために,一般にはその速度に大きな差がある.変調器の断面構造を最適化することで,その速度差をゼロに近づけるという工夫がこれまで長年なされてきた.このような原理に基づく変調器は,**進行波型変調器**とよばれる [36, 37, 38].

変調信号と光信号の速度を合わせることを**速度整合**という.導波路中の光の伝搬速度は屈折率 n_0 により c/n_0 とかけるが,変調信号に対しても同様に**等価屈折率** n_m を定義して,伝搬速度を c/n_m で表されるものとすると,変調器内部を長手方向に L 進んだ点までの伝搬に要する時間の差は

$$\tau \equiv \frac{|n_\mathrm{m} - n_0|L}{c} \tag{2.26}$$

であたえられる.

定性的な議論となるが,ここで変調器全体で平均的に $\tau/2$ 程度の時間ずれをもって,加算されていると考える.この時間ずれに相当する周期の変動をもつ信号の周波数は

$$f_\mathrm{T} = \left(\frac{\tau}{2}\right)^{-1} = \frac{c}{2|n_\mathrm{m} - n_0|L} \tag{2.27}$$

となる.この f_T よりも高い周波数成分の変動に対しては,効率的な変調効果の積算が困難となると考えられる.文献 [39] の 6.3.1.2 節によれば,変調器の周波数帯域 (変調効率が電力でみて半分程度に低下する周波数) が

$$\frac{1.9c}{\pi|n_\mathrm{m} - n_0|L} \simeq 0.6 \frac{c}{|n_\mathrm{m} - n_0|L} \tag{2.28}$$

であたえられるとされており,上記の簡単な議論による結果と矛盾しない.周波数帯域は,直流成分に対する効率を 1 として,高速変化する信号に対する変調効率が $1/\sqrt{2}$ に低下する周波数で定義される.

高速変調器で利用される LN や LT における EO 効果の応答速度は十分速く,EO 効果自体の周波数特性が変調器の性能を制限することはほとんどない.変調器の周波数特性 (Γ の周波数依存) は,上記の速度整合条件からのずれや,変調信号の電極内部での高い周波数での導体内損失に支配されることが知られている.最新の変調器では,$n_\mathrm{m} - n_0$ をほぼゼロに近づけることが可能となっており,導体内損失が周波数とともに増大することが高速化の制限要因となっている.また,LN 内部の誘電体損失も周波数が数 10 GHz を超える高速信号に対しては無視できない.そのため,上記の速度整合により長手方向での変調効

果の積算を図るだけではなく，変調信号電界が光導波路に集中するような断面構造の追求も依然として重要である．長手方向，断面構造の両方も最適化により，100 GHzの超高速信号に対応可能な変調器が開発されている [40]．

2.3 振幅・強度変調

強度変調または振幅変調は，もっとも広く利用されている光変調技術である．この節では，光位相変化から光干渉により強度変化を発生させるマッハツェンダー構造による光変調器の動作原理とその実際を紹介する．

2.3.1 マッハツェンダー構造による強度変調の原理

EO効果で強度変調を得るためにマッハツェンダー (Mach-Zehnder: MZ) 構造，もしくはマッハツェンダー干渉計とよばれる光回路が広く用いられている．この干渉計はLudwig Zehnder[68] と Ludwig Mach[69] の提案によるもので，ミラーとハーフミラーで構成され，2つの平行した光の経路 (光路もしくはアームとよぶ) をもっている (図 2.13, 2.14)．

図 2.15 に動作原理を示した．光入力 (A) がハーフミラーで均等に分割され，途中ミラーで向きが変えられて，再度，ハーフミラーで合波されるという構造である．つまり，1つの光入力を2つに分け，また，合わせるというものであるが，2つに分かれている途中で光位相差が生じると，合波されるときに干渉で出力が強弱するという原理である．この干渉計は異なる試料を通る際の光位相変化の差を検出するために用いられた．

図 2.13　Zehnder により提案された光干渉計 [68]

2.3 振幅・強度変調

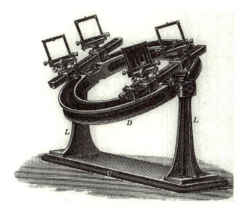

図 2.14　Mach により提案された光干渉計 [69]

図 2.15 に光路 1, 2 があるが，この途中に試料 1, 2 を置くと，ここでの位相変化の差が光出力 (C) の強度から求めることができる．光位相差が 0 のときには光出力最大となるが，π (180 度) のときには最小となる．干渉計は光を吸収する機構が原理上ない．最小となるときには図中の破線で示されたハーフミラーの光出力を取り出す面の反対側の面の方向 (D) へ向かう光強度が最大となる．理想的な干渉計では，C と D でえられる光出力を合わせると強度は一定となる．図中にあるように，C からの光のみを出力として用いれば光位相変化が強度変化へ変換されることになる．入力側においても B からの光入力を考えるこ

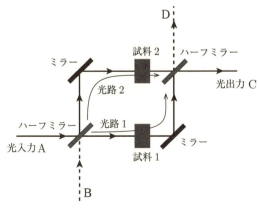

図 2.15　マッハツェンダー (MZ) 干渉計の原理

とができる．Aから入力した際に，試料1,2における光位相差がCからの出力が最小となる(つまり，Dでの強度が最大となる)条件となっている場合，Bから光を入力するとCへ向かう成分が最大，Dへ向かう成分が最小となる[70]．このような干渉計の振る舞いは，それぞれ独立した水平方向に伝搬する光波と垂直方向の光波が入力側のハーフミラーで合波され，干渉計で混合され，また，出力側で水平，垂直に独立して伝搬する光波に変換されるという過程で説明できる．干渉計においては非線形の現象は原理的には含まれず，2成分からなる入力光が2成分からなる出力光へと変化するので，2つの導波路モードの結合[71]と同様に，干渉計の作用は2×2行列で記述することができる．

光変調では，EO効果により試料1,2に相当する部分での光位相変化を電圧で制御する．EO効果でえられる位相変化を光干渉で強度変化，もしくは振幅変調に変換するもので，**マッハツェンダー変調器** (MZ変調器) とよばれている．図2.16に示すように，MZ変調器は並列に集積された2つの位相変調器(1, 2)からなり，変調信号により位相差が発生した光信号を干渉させ，光出力を得る構成となっている．

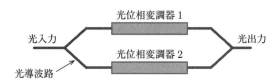

図 2.16 MZ変調器の構成図．2つの光位相変調器からなる．

図2.17にMZ変調器の動作原理を示した．2つの導波路での位相差が0であるとき，2つの導波路を通る光波は干渉で強め合い，変調器は「オン」の状態となる．一方，位相差がπのとき，光波は互いに逆位相となり干渉で弱め合い，「オフ」状態となる．このとき，光出力側の合波部では光波が導波路の外に広がる放射モードに変換され，光ファイバにつながる光出力部では強度がゼロとなる．

図2.15のMZ干渉計ではミラーで光波の伝搬方向を変えて，分岐した光波を再び合波することを可能としていたが，MZ変調器では光導波路がその役割を担っている．また，光分岐，合波はY字形の光導波路構造(Y分岐)や方向性結合器で実現される．ハーフミラーは2入力2出力の素子であったが，Y分岐

2.3 振幅・強度変調

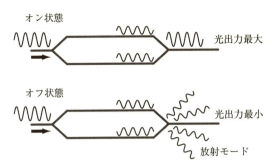

図 2.17 MZ 変調器の動作原理。オン状態では合波するときの光波は同位相で干渉により光出力最大となる。オフ状態では光波は互いに逆位相で干渉により光出力が最小となる。このとき，光波のエネルギーは放射モードに変換される。

は 1 入力 2 出力，または，2 入力 1 出力である。

ただし，図 2.18, 2.19 に示すように，Y 分岐では接続の数が少ない側 (合波の場合の出力側，分岐の場合の入力側) で放射モードに結合が生じる点を考えに入れると，2 入力 2 出力となる。つまり，1 つの導波モードと 1 つの放射モードからなる入力が，2 つの導波モードからなる出力に接続されている，もしくはその逆という構成となっていると考えることが可能で，数学的にはハーフミラーと同等となる [72]。図 2.20 に，2 つの導波路から同相 (位相差 0) で合波す

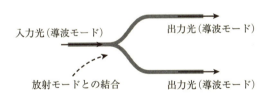

図 2.18　Y 分岐による光の分岐

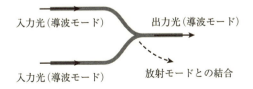

図 2.19　Y 分岐による光の合波

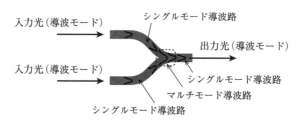

図 2.20　Y 分岐による光合波で導波モード光が生成される場合

る場合の導波路内の光波の電界を模式的に示した。

　通常は導波モードを1つだけもつシングルモード条件を満たす光導波路を用いる。図示したとおり，2つの導波路が重なりはじめる部分では導波路幅が広くなっており，短距離であれば高次モード成分の伝搬が可能である。

　同相の場合，2つの光波の電界が合成されると，導波路中心部で電界強度が最大となる基本モードと同様の分布がえられる。導波路幅は出力側に向かって狭くなり，シングルモード条件を満たすものとなる。合波でえられた電界分布と導波路の基本モードの重なりは大きく，導波路モードが効率良く励振される。

　逆相 (位相差 π) の場合には図 2.21 に示すとおり，2つの光波の電界を合成すると，導波路中心で光強度が最小となる高次モードに相当する分布となる。導波路出力側に向かって伝搬する途上で放射モードに変換され，導波路からえられる出力は最小となる。

　MZ 変調器では，光位相変調器1と2に印加した変調信号 $\mathbf{V}(t) = [V_1(t), V_2(t)]$ で位相差を制御し，出力光強度を増減することが可能である。各位相変調器で

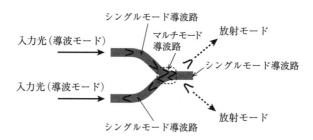

図 2.21　Y 分岐による光合波で放射モード光に変換される場合

2.3 振幅・強度変調

誘起される光位相変化を

$$v_i(t) = \Gamma_i V_i(t) \tag{2.29}$$

とすると，光出力は

$$R = E_0 \mathrm{e}^{\mathrm{i}\omega_0 t}\left[K_1 \mathrm{e}^{\mathrm{i}v_1(t)} + K_2 \mathrm{e}^{\mathrm{i}v_2(t)}\right] \tag{2.30}$$

となる．ここで，K_i は光位相変調器 $i\,(i=1,2)$ における透過率 (損失の逆数) である．K_i は光分岐部，合波部における振幅変化の効果もふくんでいる．Y 分岐や方向性結合器などによる分岐，合波は分岐部の材料の吸収やデバイス構造の不完全性などによる損失を無視したとしても，原理上振幅の変化が発生する [72]．

図 2.22 に示すように，バランスのとれた分岐回路では振幅 E_0 の入力光の振幅が $1/\sqrt{2}$ 倍されて 2 つの導波路に分配される．これはエネルギーでみると等分配されていることになる．

図 2.22　光分岐回路の動作

図 2.23 に合波部の動作を示した．一方の光導波路から振幅 $E_0/\sqrt{2}$ の光が入力されると，振幅がさらに $1/\sqrt{2}$ 倍されて，$E_0/2$ の光出力がえられる．この場合，半分の光エネルギーが失われることになるが，これは上述した「オフ状態」のときの放射モードに変換されて導波路外に散逸することによる．合波部

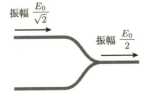

図 2.23　光合波回路の動作

では光入力が一方からのみであるときには，必ず光出力部と放射モードにエネルギーが分配されるので，損失なく，光信号を出力側に伝えることができない。両方のポートから等しい振幅の光信号が同位相で入力されたときに限り，干渉効果で放射光が打ち消され，出力ポートにすべての光エネルギーを集中することができる。

上記の議論をまとめると，分岐側で $1/\sqrt{2}$ 倍，合波側で $1/\sqrt{2}$ 倍のとなるので，MZ 構造の入力側から出力側までの振幅変化はあわせると $1/2$ となり，材料吸収やデバイス構造の不完全性による損失がなくバランスのとれた理想的な MZ 構造で $K_i = 1/2\,(i=1,2)$ となる。

2 つの位相変調器での位相変化の大きさが等しく，その符号が逆である，すなわち，

$$v_2(t) = -v_1(t) \tag{2.31}$$

のときに理想的な強度変調が実現できる。この動作条件をプッシュプル (Push-Pull) とよぶ。$v_1(t) = -v_2(t) = g(t)$ とすると，$2g(t)$ は 2 つの異なる光導波路間の光位相差となる。2 つの光位相変調器での損失も等しくバランスのとれた構造で，$K_1 = K_2 = K/2$ であるとすると，出力光は

$$\begin{aligned} R &= \frac{KE_0}{2}\left[e^{ig(t)} + e^{-ig(t)}\right]e^{i\omega_0 t} \\ &= KE_0 e^{i\omega_0 t}\cos[g(t)] \\ &= K\cos[g(t)]\,Qe^{-i\Phi_0} \end{aligned} \tag{2.32}$$

となる。ここで，オイラーの公式 $e^{i\theta} = \cos\theta + i\sin\theta$ を用いた。$K = 1$ が導波路内での材料吸収などによる損失がゼロの理想的な状態をさし，一般には $|K| < 1$ である。$e^{-i\Phi_0}$ は変調器内での伝搬遅延による定常的な位相遅れを示す要素で，変調器の動作に直接的に関係するものではない。式 (2.4) と対比すると，

$$E(t) = E_0 \cos[g(t)] \tag{2.33}$$

$$\Phi(t) = 0 \tag{2.34}$$

となり，プッシュプル動作 MZ 変調器は，入力光の振幅に $\cos[g(t)]$ を乗じるという振幅変調の機能を実現していることがわかる。また，入力光に対する出

力光の強度は

$$\left|\frac{R}{Q}\right|^2 = |K\cos[g(t)]|^2$$
$$= K^2\frac{1+\cos[2g(t)]}{2} \quad (2.35)$$

であたえられる。

2つの導波路での位相差がゼロ，すなわち，

$$2g(t) = 2m\pi \quad (m = \cdots, -1, 0, +1, \cdots) \quad (2.36)$$

であるとき変調器は「オン」状態，

$$2g(t) = (2m+1)\pi \quad (2.37)$$

のとき「オフ」状態となる。MZ変調器の半波長電圧 $V_{\pi\mathrm{MZM}}$ は「オン」状態から「オフ」状態まで変化させるために必要な電圧で定義される。

図2.24に示すように，MZ変調器の半波長電圧 $V_{\pi\mathrm{MZM}}$ は，それぞれの位相変調器の半波長電圧 $V_{\pi\mathrm{PM}}$ の半分に相当する。プッシュプル動作においては，それぞれの位相変調器での $\pi/2$ の位相変化が加算される。その結果，2つの導波路の光波の間の位相差が π 変化し，MZ変調器の「オン」と「オフ」の切り替えが実現する。商用の変調器においても半波長電圧の定義は上記のとおりであるが，位相変調器，MZ変調器とも単に半波長電圧 V_π と表記されていることが多いので注意が必要である。

位相変調器では，出力光位相の制御が主目的であり，半波長電圧 $V_{\pi\mathrm{PM}}$ は光出力の位相が π シフト，つまり，半波長分のずれ発生の所要電圧として定義されている。一方，MZ変調器では出力光の強度変化が主目的であり，出力光強度は2つの位相変調器での光位相差に依存するので，この位相差の π 変化に相当する電圧が半波長電圧 $V_{\pi\mathrm{MZM}}$ として定義されている。

2.3.2 振幅変調と寄生位相変調

式(2.36)に示されるように，「オン」状態の $g(t) = m\pi$ のとき $|\cos[g(t)]| = 1$ となり，$|R|$ は最大値となるが，R の符号は m に依存し，奇数のときには負，偶数のときには正となる。式(2.32)に示されるように，$g(t)$ を $2m\pi$ から $2(m+1)\pi$ まで連続的に変化させることで，出力光の振幅を任意に制御することが可能と

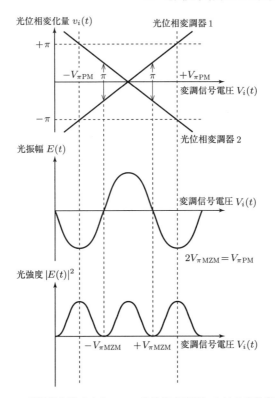

図 2.24　MZ 変調器を構成する 2 つの光位相変調器における光位相変化量と MZ 変調器光出力の振幅と強度 (プッシュプル動作：$\alpha_0 = 0$)

なる。例えば，$g(t) = 0$ のとき $\cos[g(t)] = +1$ となるが，$g(t) = \pi$ のときに $\cos[g(t)] = -1$ となる。

　つまり，MZ 変調器は，変調信号に応じて光波の符号を反転させる機能をもつことがわかる。MZ 変調器は広く強度変調器として利用されているが，本質的には振幅変調器であり，**2 値位相変調** (BPSK: Binary Phase Shift Keying) への適用が可能である。これは 3.1.2 項に示すように，BPSK が本質的には ±1 をシンボルとする 2 値の**振幅変調** (ASK: Amplitude Shift Keying) であることによる。光のオンオフを用いる**オンオフキーイング** (OOK: On-Off-Keying) では，変調信号の電圧振幅の**ピークピーク値** V_{pp} を $V_{\pi MZM}$ とすることで，光強度最大と最小の状態をえて，これらをシンボルとする。BPSK では電圧振幅 V_{pp}

2.3 振幅・強度変調

を $2V_{\pi\mathrm{MZM}}$ とする.図 2.24 に示すように,光強度変化の 1 周期分に相当し,2 つのシンボルで強度は等しいが,上述のとおり,個々の位相変調器においてはこれは $V_{\pi\mathrm{PM}}$ に一致するので互いに逆位相の状態をえる.また,この手法を光波の 2 つの直交成分に適用することで,より複雑な光信号発生を実現することが可能で,**4 値位相変調** (QPSK: Quadrature Phase Shift Keying) や **16 値直交振幅変調** (16QAM: 16-level Quadrature Amplitude modulation) などが実現している.(詳細は第 3 章を参照のこと.)

ここで,バランスのとれたプッシュプル動作以外の条件をふくむ場合を考える.一般に変調信号を

$$v_1(t) = g(t) + h(t) \tag{2.38}$$

$$v_2(t) = -g(t) + h(t) \tag{2.39}$$

とすると,出力光は

$$R = \frac{KE_0 e^{ih(t)}}{2} \left[e^{ig(t)} + e^{-ig(t)} \right] e^{i\omega_0 t} \tag{2.40}$$

$$= KE_0 e^{i\omega_0 t} \cos[g(t)] e^{ih(t)} \tag{2.41}$$

で表され,振幅と位相は

$$E(t) = E_0 \cos[g(t)] \tag{2.42}$$

$$\Phi(t) = h(t) \tag{2.43}$$

となる.$h(t)$ も $g(t)$ と同じくポッケルス効果によるものであり,$h(t)$ も変調電圧に比例すると考えられるため,

$$h(t) = \alpha_0 g(t) \tag{2.44}$$

とする.$v_1(t)$, $v_2(t)$ は光位相変調器 1, 2 にそれぞれ印加された変調信号電圧に比例するが,1 つの変調信号からこれらの 2 つの信号をえるのが一般的である.2.3.6 項で述べるように,1 つの変調信号から 2 つの変調信号をえる様々な構成がある.ここでは,もとになる 1 つの変調信号を $V(t)$ とする.

α_0 はバランスのとれたプッシュプル動作からのずれの程度を表す量で,**固有チャープパラメータ**とよぶ.出力光強度はプッシュプル動作のときと同じく式 (2.35) で表され,α_0 もしくは $h(t)$ は強度に対してまったく影響を与えないことがわかる.上述のとおり,$2g(t)$ は 2 つの導波路での光位相差を意味するのに対

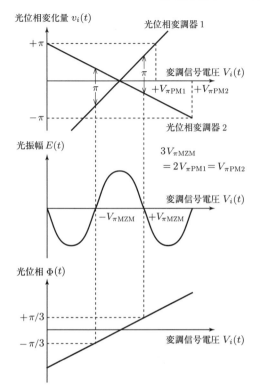

図 2.25 MZ 変調器を構成する 2 つの光位相変調器における光位相変化量と MZ 変調器光出力の振幅と位相 ($\alpha_0 = 1/3$)

して，$h(t)$ は 2 つの変調電極で生じる光位相変化の平均値に相当する量であり，

$$h(t) = \alpha_0 g(t) = \frac{v_1(t) + v_2(t)}{2} \tag{2.45}$$

とかける。また，

$$\alpha_0 = \frac{h(t)}{g(t)} \tag{2.46}$$

$$= \frac{v_1(t) + v_2(t)}{v_1(t) - v_2(t)} \tag{2.47}$$

が成り立つ。図 2.25 に $\alpha_0 = 1/3$ のときの各光位相変調器での位相変化 $v_1(t), v_2(t)$ と出力光の振幅 $E(t)$，位相 $\Phi(t)$ を示した。図 2.24 と同様に，横軸

2.3 振幅・強度変調

は $V_{\pi\mathrm{MZM}}$ で規格化した．$\alpha_0 = 0, 1/3$ のいずれの場合でも，変調信号電圧を 0 から $+V_{\pi\mathrm{MZM}}$ へと変化させることで，「オン」状態から「オフ」状態に切り替えることができる．このとき，それぞれの位相変調器での光位相変化量は $4\pi/3$ と $-2\pi/3$ であり，その平均値 $\pi/3$ が出力光の光位相 Φ となる．後述するが，固有チャープパラメータ α_0 は，振幅変調に付随する寄生的な光位相変化 (**寄生位相変調**) の程度を示すチャープパラメータ α と関連をもつ量である．$\alpha_0 = 0$ が理想的な振幅変調，$\alpha_0 \to \infty$ が純粋な位相変調にそれぞれ相当する．チャープパラメータは光信号における位相変化量の振幅変化量に対する比として定義されていて，

$$\alpha = \frac{\mathrm{d}\Phi}{\mathrm{d}t} \bigg/ \frac{1}{E}\frac{\mathrm{d}E}{\mathrm{d}t} \tag{2.48}$$

で表される [33]．式 (2.42), (2.43), (2.44) を式 (2.48) に代入すると，

$$\alpha = -\alpha_0 \cot[g(t)] \tag{2.49}$$

となり，寄生位相変調は $g(t)$ に一般に依存することがわかる．

2.3.3 バイアス点とチャープパラメータ

強度変調では，光強度 $|E(t)|^2$ が最大値の半分となる点，$g(t) = \pm\pi/4$ を中心として，情報として伝える変調信号を印加するという構成がよく利用される．直流 (DC) バイアスを $\pm V_{\pi\mathrm{MZM}}/2$ とすることに相当する．一般の電気信号の増幅器と同様に，交流的に変動する変調信号の平均電圧を適切に設定することが必要となるが，この平均電圧のことを変調器の **DC バイアス**，もしくは単に**バイアス**とよぶ．MZ 変調器のバイアスは 2 つの位相変調器からの光波間の平均的な光位相差に相当する．デジタル通信システムでは，3.1.1 項に示すように変調信号の振幅を $V_{\pi\mathrm{MZM}}/2$ とすれば OOK 信号がえられる．また，アナログ通信システムでは線形性の高い波形の伝送に適している．このとき，2 つの位相変調器からの光出力の位相差が 90 度に一致するので，本書ではこのバイアス条件を**直交バイアス** (Quadrature bias) とよぶ．また，光強度が最大，最小となる点でのバイアスをそれぞれ**フルバイアス** (Full bias)，**ヌルバイアス** (Null bias) とよぶ．

ここで，直交バイアスの場合のチャープパラメータについて説明する．直交バイアス条件での小信号動作時の位相差は

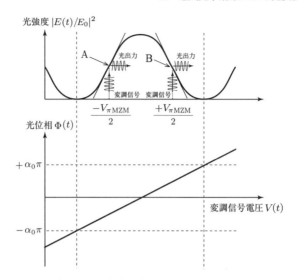

図 2.26　MZ 変調器の出力光強度および光位相と変調信号電圧の関係

$$g(t) = \mp\frac{\pi}{4} + a(t), \quad |a(t)|^2 \ll 1 \tag{2.50}$$

とかくことができ，式 (2.49) は

$$\alpha = \pm\alpha_0 \tag{2.51}$$

となる．つまり，α_0 は寄生位相変調の程度を表す指標であるとともに，強度変調でよく用いられるバイアス条件において小信号動作 ($|a|^2 \ll 1$) を仮定すると，チャープパラメータ α と一致するという性質をもつ．図 2.26 に示す点 A にバイアスを設定して小振幅の変調信号を入力すると，光強度は同位相で変化し，チャープパラメータ $\alpha = \alpha_0$ となる．点 B では波形の符号が反転し，$\alpha = -\alpha_0$ となる．点 A は $V(t) = -V_{\pi\mathrm{MZM}}/2$, $g(t) = -\pi/4$ に，点 B は $V(t) = +V_{\pi\mathrm{MZM}}/2$, $g(t) = +\pi/4$ に相当する．

2.3.4　オンオフ消光比

図 2.17 に示すように，2 つの光波間の光位相差がゼロの場合，出力では光信号が干渉で強め合い，一方，光位相差が 180 度のときに合波部分で放射高次モード光へと変換され，理想的には出力ゼロとなる．しかし，実際の変調器ではオフ状態のときに出力ゼロとならず，図 2.27 に示すような高次放射モード光

2.3 振幅・強度変調

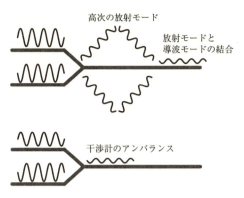

図 2.27　MZ 変調器の消光比劣化の原因

の導波基本モード光への結合 (クロストーク) や，2 つの位相変調器からの光波間の強度のアンバランスにより残留成分が存在する．この残留成分とオン状態の強度の比は**オンオフ消光比**，もしくは単に**消光比** (ER: Extinction Ratio) とよばれ，MZ 干渉計の精度を表す重要な指標である．

式 (2.30) において，透過率 K_1, K_2 を

$$K_1 = \left(1 + \frac{\eta}{2}\right)\frac{K}{2} \tag{2.52}$$

$$K_2 = \left(1 - \frac{\eta}{2}\right)\frac{K}{2} \tag{2.53}$$

とすると，変調器出力光は

$$R = \frac{Ke^{i\omega_0 t}}{2}\left[\left(1+\frac{\eta}{2}\right)e^{iv_1(t)} + \left(1-\frac{\eta}{2}\right)e^{iv_2(t)}\right] \tag{2.54}$$

$$= Ke^{ih(t)}\left[\cos g(t) + i\frac{\eta}{2}\sin g(t)\right]e^{i\omega_0 t} \tag{2.55}$$

となる．η は MZ 構造光導波路における光強度の**アンバランス**を表し，完全に対称となるときにゼロとなる．実際の変調器では，製造時に生じる分岐，合波部分の構造の非対称や導波路内での損失の差などがあり，η は有限の値をもつ．精度が高いとされる LN 変調器においても $\eta \sim 0.1$ 程度の値をもつことがある．

式 (2.55) の第二項が消光比を劣化させる成分で，第一項の所望成分をフェーザ上の実軸にとると，これに対して位相が $\pi/2$ ずれている．MZ 変調器は入力光の振幅を制御するもので，印加電圧を変化させると，出力光の位相は一定で，振幅のみを変化させる機能をもつが，出力光最小，つまり，オフの状態のとき

に残留する成分は，制御対象となる成分とフェーザ上で直交する成分であるというのは興味深い．実軸成分はゼロに一致させることができる一方で，オフ状態で虚軸成分は最大値をとるので，オフに近い状態で出力光の位相が大きく変化する．

出力光強度 $|R|^2$ の，最大値の最小値に対する比

$$\left(\frac{\eta^2}{4}\right)^{-1} \tag{2.56}$$

が消光比に相当する．デシベル表記では $-20\log(\eta/2)$ となる．$g(t)$, $h(t)$ は式 (2.38), (2.39) で定義され，

$$g(t) = \frac{v_1(t) - v_2(t)}{2} \tag{2.57}$$

$$h(t) = \frac{v_1(t) + v_2(t)}{2} \tag{2.58}$$

が成り立つ．$g(t)$ が MZ 構造での光位相差の半分で，バランスのとれたプッシュプル動作の際に，各位相変調器で発生すべき光位相変化の大きさに相当する．$h(t)$ は 2 つの位相変調器での位相変化の平均であり，式 (2.45) に示したとおり，MZ 変調器で発生する位相変化を表す．

MZ 構造の出力側 Y 分岐で放射光に変換される成分は

$$R^* = K e^{ih(t)} \left[i\sin g(t) + \frac{\eta}{2}\cos g(t)\right] e^{i\omega_0 t} \tag{2.59}$$

となる．導波モード成分 R と放射モード成分 R^* が合波部の近傍から出力ポートにかけて再度結合する可能性があるが，2 入力 2 出力の方向性結合器モデル

$$\begin{bmatrix} R' \\ R^{*\prime} \end{bmatrix} = \begin{bmatrix} \cos\xi & -i\sin\xi \\ -i\sin\xi & \cos\xi \end{bmatrix} \begin{bmatrix} R \\ R^* \end{bmatrix} \tag{2.60}$$

で近似的に表されるとすると，出力光振幅は

$$R' = K e^{ih(t)} \left[\cos\{g(t) - \xi\} + \frac{i\eta}{2}\sin\{g(t) - \xi\}\right] e^{i\omega_0 t} \tag{2.61}$$

となり，出力光強度は

$$\left|\frac{R'}{K}\right|^2 = \cos^2\{g(t) - \xi\}\left(1 - \frac{\eta^2}{4}\right) + \frac{\eta^2}{4} \tag{2.62}$$

であたえられる．強度 ($K = 1$ とする) は $g(t) - \xi = 0$ のとき最大値 1 をとり，$g(t) - \xi = \pi/2$ とき最小値 $\eta^2/4$ となる．η は図 2.28 に示すようなバランス補

2.3 振幅・強度変調

図 2.28　バランス補正機能付き MZ 変調器

正機能で高精度に制御できるので，無限に近い消光比がえられることになる [48, 49]。この場合，光位相差はモード間結合の効果を織り込んで，$\pi + 2\xi$ となるときがオフ状態に相当することになる。

図 2.29 に，実測されたバランス補正による消光比向上の例を示した [3, 24]。光位相変調器に MZ 変調器が直列接続されたものを 2 つ並列に集積したデバイスが用いられている。小型の MZ 変調器で，メインの MZ 変調器の強度のアンバランスの補正をする。補正なしの MZ 変調器では消光比 20 ～ 30 程度 ($\eta \sim 0.1$) であるのに対して，70 dB を超える消光比が達成されている。これは，光測定器の計測限界に近いものである。

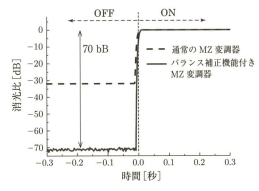

図 2.29　バランス補正機能による MZ 変調器の消光比向上の実例 [3]

式 (2.60) で無視した高次モード成分との結合や散乱などにより消光比が低下することが考えられるが，実際の変調器では上記のとおり，これらの影響は小さい。このことより，2×2 行列による近似的なモデルで，LN を用いた MZ 変調器においては干渉計の特性が精度良く表されているといえる。

2.3.5 チャープパラメータと有限の消光比

ここでは，有限の消光比 η と固有チャープパラメータ α_0 の影響が同時に存在する場合を考える．図 2.30 は，バランスのとれたプッシュプル動作をする 2 つの光位相変調からなる MZ 変調器の構成図である．変調器での各部分での光信号をフェーザ図で示した．各位相変調器では複素平面で円弧を描く位相変調光を発生させ，これをベクトル的に加算することで出力光が実軸上を移動する振幅変調がえられる．

図 2.31 に $\eta \neq 0$ の場合の MZ 変調器の動作を示した．MZ 変調器で消光比低下を起こすのは所望成分から 90 度位相がずれた成分である．オンからオフに変化する途中では光位相が 0 度または 180 度からずれ，すなわち，チャープ成

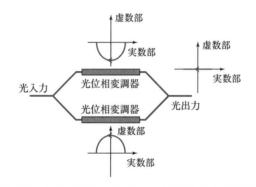

図 2.30　MZ 変調器のプッシュプル動作による振幅変調

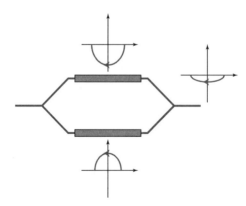

図 2.31　光強度アンバランスがある場合の MZ 変調器の動作

2.3 振幅・強度変調

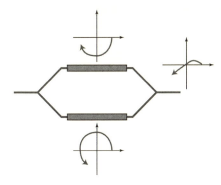

図 2.32 変調指数アンバランスがある場合の MZ 変調器の動作

分も生じることがわかる。図 2.32 に $\alpha_0 \neq 0$ の場合の MZ 変調器の動作を示した。出力光は実軸からずれた軌道上を変化するが，式 (2.55) より明らかなように，$\eta = 0$ であれば必ず原点を通過し，α_0 は消光比には影響をあたえない。

一般的な MZ 変調器の消光比は 20 dB 程度，チャープパラメータ α_0 は 0.1 ～ 0.2 程度で，図 2.33 に $\alpha_0, \eta \neq 0$ の場合の MZ 変調器の出力光の軌道をフェーザ表示した。単純な変調方式においては，$|\alpha_0|, |\eta| < 0.2$ の条件下で，十分高い精度の高い振幅変調とされてきたが，256QAM などの複雑な変調方式に対してはフェーザ図上の信号点配置 (コンスタレーション *)) に歪みが生じるなどの現象がみられる。また，$\alpha_0 \neq 0$ の場合，η の調整で軌道が変化するため，

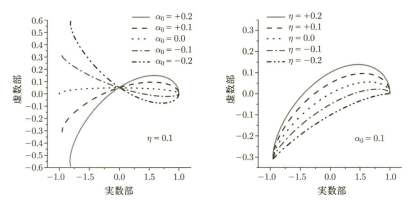

図 2.33 有限の消光比，チャープパラメータがある場合の MZ 変調器出力

---

*) 詳細は 2.4.1 項参照。

消光比調整により特性改善の可能性があることを示唆している。前節で述べたとおり，干渉計の光強度差を調整することで η を変化させることは比較的容易であり，製造誤差で生じた α_0 による影響を η の調整で抑圧するという手法が有効であると考えられる。

2.3.6 マッハツェンダー変調器の実際

MZ 変調器の強度変調器としての動作原理は，式 (2.35) に示されるように，位相差 $2g(t)$ を干渉計で強度変化に変換するというものであり，変調器としての効率向上には，小さい変調電圧でより大きな位相変化 $g(t)$ をえることが重要である。

干渉計の 2 つの光路の両方で光位相変化をあたえるプッシュプル動作は変調効率の向上に有効な手段である。このためには，式 (2.38), (2.39) の $v_1(t)$ と $v_2(t)$ が互いに逆符号でかつ大きな値となることが重要である。また，寄生位相変調 (チャープ) を抑えるためには，式 (2.49) に示したとおり $v_1(t) \simeq -v_2(t)$ として固有チャープパラメータ α_0 をゼロに近づけることが必要となる。これは式 (2.45) で定義される $h(t)$ を最小化することに相当する。

位相差の確保とバランスのとれたチャープパラメータの最小化には，駆動回路 (変調信号を変調器に供給するための回路) で 2 つの位相変調器に個別に信号を供給する方法と，デバイス構造の工夫で 1 つの電極構造で 2 つの位相変調器に同時に電界印加を実現する方法がある。以下では，差動信号発生の方法と MZ 変調器を実現する各種のデバイス構造について説明する。

● **駆動回路によるプッシュプル動作のための差動信号発生**

図 2.34 に，2 つの変調信号入力をもつ MZ 変調器の構造を示した。2 つの位

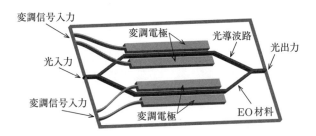

図 2.34 MZ 変調器の構造 (2 つの変調信号入力)

2.3 振幅・強度変調　　　　　　　　　　　　　　　　　　　　　　　　　　　47

相変調器の変調電極に独立して2つの電気信号を印加する．外部回路で振幅の大きさが等しく，符号が互いに反転の関係にある変調信号 $+V(t), -V(t)$ を発生させる必要がある．このような信号を**差動信号**とよぶ．ここでは3つの方法：高周波アンプの反転出力，ハイブリッドカプラ，ケーブル長の差による位相差発生による差動信号発生について紹介する．

高周波アンプの反転出力による差動信号発生　　図 2.35 は，高周波アンプの反転出力と非反転出力による差動信号発生の構成を示す．共通の入力から符号が互いに反転した2つの出力 $+V(t), -V(t)$ をえる．トランジスタのもつ波形を反転して増幅する機能を利用したもので，広い周波数帯域の信号に対して反転，非反転の電気出力がえられ，また，信号を変調器入力直前で適切な振幅まで増幅することも可能である．2値のデジタル変調においては，信号のタイミング，波形を整えるためにフリップフロップなどのロジック回路を用いることが有効である．

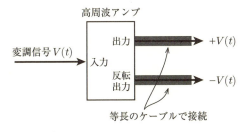

図 2.35　高周波アンプの反転出力を用いた MZ 変調器駆動回路の構成

一方，アンプ内部のデバイス特性ばらつき，温度変化などによる出力変動などの課題がある．また，アナログ変調や多値変調に対応するためには増幅特性の線形性を向上することも必要となる．

ハイブリッドカプラによる差動信号発生　　図 2.36 は，180 度ハイブリッドカプラを用いた駆動回路の構成である．ハイブリッドカプラは原理的には損失なしで電気信号を2つに分けることができる [73]．アンプの反転，非反転出力を利用した場合と同様の構成であるが，ハイブリッドカプラは基本的に動作が線形であるので，非線形ひずみによる波形劣化の問題がない．一方で，ハイブリッドカプラの動作原理上，周波数が低い帯域での動作が困難であり，また，

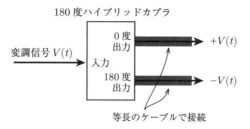

図 2.36　ハイブリッドカプラを用いた MZ 変調器駆動回路の構成

動作可能帯域が広く設計されているデバイスでは出力信号の位相精度が悪くなる傾向にある。

　増幅器，ハイブリッドカプラのいずれを使った場合においても，精度の高い変調の実現にはケーブルの長さのバランスや変調器入力部分での振幅バランスの調整により，2 つの変調器入力で振幅が等しくかつ位相のずれが正確に 180 度に一致させることが重要となる。このとき，変調器内部での入力点から電極までの信号伝搬距離，損失などもバランスしている必要があることはいうまでもない。

　ケーブル長の差による差動信号発生　　図 2.37 に示す構成は，パワーディバイダで 2 つの同振幅，同位相の変調信号をえて，異なる長さのケーブルを用いて伝搬遅延時間差を調整し，180 度の位相差をもつ電気信号を変調器に印加するというものである。パワーディバイダは低い周波数から高い周波数に至るまで比較的良好な特性で信号をに分割することが可能であるが，ケーブル長差による位相差発生は特定の周波数成分でのみ 180 度となるので，広帯域信号に適用するのが困難である。また，パワーディバイダは原理上パワーの半分を損失

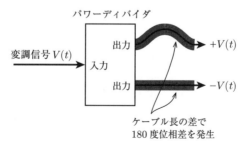

図 2.37　ケーブル長差による位相シフトを用いた MZ 変調器駆動回路の構成

2.3 振幅・強度変調

するという欠点もある。

各種の差動信号発生方法の比較　表 2.1 に上記の各方式の得失を示した。さらに，アンプの反転出力による位相差発生は，アンプの消費電力やそれによる発熱が課題となることがある。ハイブリッドカプラは各項目バランスのとれた性能をもつ。文献 [73] には，中心周波数 7 GHz, 帯域幅 8 GHz で 180 度位相差を実現する広帯域ハイブリッドカプラの例が示されている。ケーブル長差による 180 度位相差発生の場合，許容誤差を ±10 % 以下としても帯域幅は 1.4 GHz 程度にとどまる。ハイブリッドカプラの長さは対象とする信号の波長に依存するために，低い周波数域までカバーするデバイスはサイズが大きくなるという問題がある。

表 2.1　MZ 変調器駆動方式の比較

	アンプの反転出力	ハイブリッドカプラ	ケーブル長差
高周波域	○	○	◎
広帯域性	○	△	×
線形性	△	○	○
信号強度	◎	○	△
安定性	△	○	○

● **プッシュプル動作を可能とするデバイス構造**

上記のとおり，互いに符号の反転した変調信号を発生させるのは容易ではない。ここでは，1 つの変調信号入力でプッシュプル動作を実現する光変調器の構造を紹介したい。

Z カット MZ 変調器　図 2.10 に示したとおり，Z カット基板を用いると信号電極および接地電極のエッジ付近で強い電界強度がえられる。また，位相変調の効果は互いに逆符号となるために，図中の A 点，C 点付近に 2 本の光導波路を設けるとプッシュプル動作が期待できる。接地電極付近では信号電極エッジ付近に比べて電界強度が数分の一以下程度であり，$h(t) \neq 0$ となり，バランスのとれたプッシュプル動作が困難であるが，強度変調器としての効率を重視した構成としては有効である。図 2.38(a) に示すような断面をもつ光変調器が実用化されており，単に **Z カット MZ 変調器**とよばれることが多い。

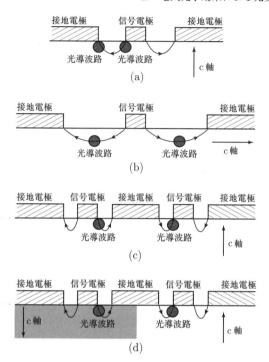

図 2.38 MZ 変調器の断面図。(a) Z カット変調器, (b) X カット変調器 (ゼロチャープ), (c) 2 電極型変調器, (d) Z カット (ゼロチャープ)

固有チャープパラメータ α_0 は 0.7 程度 (接地電極側での EO 効果は信号電極エッジ付近と比べて 1/6 程度) となるのが一般的である。光通信ではファイバ内の分散の影響が問題となるが, OOK を用いたデジタル伝送システムの場合, 寄生位相変調があるほうが伝送特性が向上することがあり, 広く実用で利用された。ファイバ分散は伝送途中で強度変調信号を劣化させる現象と, 位相変調成分を強度変調成分に変換させる効果を引き起こすが, これらがあわさって, 受信点で良好な波形がえられるというのが原理である。

しかし, 最近, 広がりをみせる多値変調や精度の高い波形伝送が要求されるアナログ変調では, 理想に近い振幅変調, 強度変調が必要とされる。信号電極側の光導波路を電界強度最大のところからずらすことで, プッシュプル動作のバランスをとることは原理的には可能であるが, 変調効率が低下し, $V_{\pi\text{MZM}}$ の増加につながる。また, エッジ付近では位置変化による電界強度の変化が大き

2.3 振幅・強度変調

く，わずかな位置ずれが変調特性の変化につながるという課題もある。

X カット MZ 変調器　図 2.11 に示す X カット基板の場合，接地電極と信号電極の中間付近で強い EO 効果がえられ，点 B と点 E ではその符号が互いに反転し，かつ，その強度が等しいという，プッシュプル動作に適した性質をもつ。また，位置ずれによる EO 効果の変動が小さいという特徴もあり，図 2.38(b) に示すようにこれらの 2 点に光導波路を設けて，バランスのとれたプッシュプル動作 $v_1(t) \simeq -v_2(t)$，すなわち，$h(t) \simeq 0$ をえる構成は商用の変調器で広く用いられており，**X カット MZ 変調器**とよばれている。

固有チャープパラメータ α_0 が 0.2 以下程度に抑えられることから**ゼロチャープ変調器**もしくは**低チャープ変調器**とよばれることもある。式 (2.49) に示したとおり，寄生位相変調がほぼゼロの，理想に近い振幅変調がえられる。2.4.1 項で述べるが，この変調器を複数組み合わせることで複雑な変調方式に対応可能なベクトル変調器なども実現されている。

2 電極型 MZ 変調器　図 2.38(c) は，図 2.34 に示した 2 つの電極をもつ MZ 変調器の断面図である。**2 電極型 MZ 変調器**とよばれることが多い。強い EO 効果をえるために，Z カット基板で信号電極付近に光導波路を置くという構造が用いられる。半波長電圧 $V_{\pi\mathrm{MZM}}$ を低減するという点ではもっとも有利な構造である。2 つの光導波路に別個に設けた変調電極による電界が印加される。外部の駆動回路による信号振幅，位相の調整により精密な振幅変調や**単側波帯 (SSB: Single-sideband) 変調**などが実現できるという特徴があるが，上述のとおり外部回路が複雑になるという課題がある。

分極反転を用いた Z カット変調器　X カット変調器による 1 つの変調信号入力でのバランスのとれたプッシュプル動作と Z カット変調器の信号電極付近の強い電界を用いた高効率変調の両方の特長を実現することを目的として，分極反転を用いた Z カットゼロチャープ変調器が提案されている [74]。図 2.38(d) に断面図を示した。2 つの別個の変調電極をもち，それぞれの信号電極付近に光導波路を設けて，効率の高い EO 効果をえる。基本的な構造は図 2.38(c) の 2 電極型 MZ 変調器と同様であるが，断面図の左半分と右半分で c 軸の方向が上下反転しているのが特徴である。デバイス内の特定の部分で c 軸，すなわち，分極の方向を反転させたものを**分極反転構造**とよぶ。LN や LT などの強誘電体に高電圧を印加することで，分極方向を反転させることが可能である。2 つ

の導波路は互いに分極が反転している結晶領域内にあるので,印加電界が同じ向きであっても,光位相変化の方向は逆符号になる.

信号分配器を用いて同符号,同振幅の信号を2つ発生させ,2つの変調電極に印加すると,バランスのとれたプッシュプル動作が実現する.高周波信号を同符号で同振幅に等分することは比較的容易であり,図2.39に示すように分配回路を変調器内に集積することで,1つの変調信号入力で効率よくゼロチャープ変調が実現されている[74].Xカット変調器と同様に外部回路が不要で $\alpha_0 \simeq 0$ の理想に近い振幅変調がえられる.

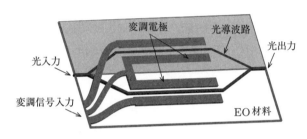

図2.39 Zカットゼロチャープ変調器の構成

各種MZ変調器の比較　表2.2に各種のMZ変調器の特徴をまとめた.

表2.2　各種のMZ変調器の比較

	Zカット	Xカット	2電極型	Zカットゼロチャープ
低駆動電圧	○	△	◎	○
低チャープ性	×	○	◎	○
製造の容易さ	○	○	×	△

低駆動電圧化($V_{\pi\mathrm{MZM}}$の低減)にもっとも適しているのがZカット変調器であるが,プッシュプル動作のバランスが悪くチャープが残るという問題がある.

Xカット変調器は,簡単な構成で精度の高い振幅変調を実現することが可能である.

2電極型変調器は,駆動電圧,低チャープ性の面で高い性能がえられるとしたが,これは外部の駆動回路が2系統あることと,駆動回路に精密な振幅と位相の調整機能があれば,チャープを測定限界以下まで低減できるということを

2.3 振幅・強度変調

意味している [49]。最先端研究などできわめて高い性能が必要な場合には利用可能であるが、複雑な構成と精密な調整が必要で、量産技術としてまだ課題が残る。

Z カットゼロチャープ変調器は、上述したとおり X カット変調器の振幅変調器としての精度の高さ、構成の簡便さと、Z カット変調器の低駆動電圧性の両立をめざすものであるが、製造に分極反転のプロセスを追加する必要があることと、集積可能で効率の良い信号分配器の実現が技術課題となる。

表 2.2 では X カット変調器は駆動電圧の低減に適さないとしているが、デバイス構造の改善による変調効率の向上と、駆動回路の進歩により、実用面での大きな課題とは小さくなりつつある。一方で多値変調の普及にともない、高い変調精度への要求は高くなりつつあるため、X カット変調器の利用が広がっている。ここで商用の LN を用いた MZ 変調器の典型的な性能を列挙しておく。半波長電圧 $V_{\pi\mathrm{MZM}}: 2 \sim 7\,\mathrm{V}$、消光比 $-20\log(\eta/2): 20 \sim 30\,\mathrm{dB}$ 程度である。X カットゼロチャープ変調器の固有チャープパラメータ α_0 は 0.2 以下程度、挿入損失は $2 \sim 10\,\mathrm{dB}$ である。動作可能周波数は電極構造によるが $40\,\mathrm{GHz}$ 程度のものが一般的である。

MZ 変調器は高い周波数成分の変調信号を効率良く光導波路に伝えるための電極構造をもち、図 2.40 に示すように、バイアスを制御するための直流電圧と高速で変化する変調信号は電気回路で混合されて、変調電極にあたえられる。バイアス制御のための電圧 (バイアス電圧) を印加するためのバイアス電極と変調信号のための変調電極を別個に設けることもある (図 2.41 参照)。電気回路が簡単になるというメリットがあるが、ウエハーサイズ (3 インチから 5 インチ程度) で制限を受ける有限のデバイス長の一部をバイアス電極に割く必要があり、

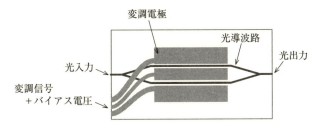

図 2.40　MZ 変調器の電極構造 (変調信号とバイアス電圧で共用)

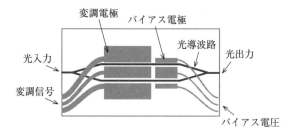

図 2.41 MZ 変調器の電極構造 (変調電極とバイアス電極が分離)

有効な変調電極が短くなるという課題がある．よって，変調の所要電力低減と駆動回路の簡便化はトレードオフの関係にあり，最適化が必要な設計要素の一つであるといえる．

2.4 ベクトル変調

出力光の振幅，位相の状態は，複素平面上で表示することができる．図 2.42 に示すように，複素平面上の任意の点は，一般に直交座標 (x,y)，または極座標 (r,θ) を用いて表現され，複素数 z は

$$z = x + \mathrm{i}y \tag{2.63}$$

$$= r\mathrm{e}^{\mathrm{i}\theta} \tag{2.64}$$

であたえられる．直交座標表示と極座標表示は

$$r = \sqrt{x^2 + y^2} \tag{2.65}$$

$$\theta = \tan^{-1}\frac{y}{x} \tag{2.66}$$

で互いに変換できる．

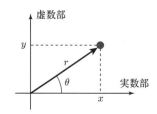

図 2.42 複素平面による光の状態の表現

2.4 ベクトル変調

これを 2 次元的に制御する変調手法を，複素平面上のベクトルを操作することの相当するので，**ベクトル変調**とよぶ．以下では，複素平面上の実数軸成分 x と虚数軸成分 y の振幅を独立に制御する直交振幅変調と，振幅の大きさ r と位相 θ をそれぞれ制御する振幅位相変調を紹介する．これらは複数の変調器の組合せで実現される．

2.4.1 直交振幅変調

MZ 変調器は，式 (2.33) に示すように光振幅を任意に制御する機能をもつ．図 2.43 は振幅変調信号を複素平面上の表示したものである．変調信号に応じて出力光は実数軸上を移動する．また，図 2.44 に示すように，虚数軸の振幅成分も同様に制御し，これらを合成すれば任意の光波状態を発生させることが可能となる．このような実数成分と虚数成分の振幅を独立に制御し，様々な変調信号をえる手法は無線通信の分野ではすでに広く用いられており，**直交振幅変調** (QAM: Quadrature Amplitude Modulation) とよばれている．

図 2.43　実数軸上の振幅変調信号　　図 2.44　虚数軸上の振幅変調信号

図 2.45 に示すような 2 つの MZ 変調器を集積した **2 並列 MZ 変調器** (DP-MZM: Dual-Parallel Mach-Zehnder Modulator) を用いると，光波をベクトル的に制御することが可能となる．光入力は図 2.22 に示す分岐回路で 2 つに分けられ，2 つの MZ 変調器に導かれる．MZ 変調器 1 と 2 に印加される変調信号を $g_1(t), g_2(t)$ とすると，式 (2.32) より，それぞれの出力 R_1, R_2 は

$$R_1 = \frac{1}{\sqrt{2}} K_1 E_0 \mathrm{e}^{\mathrm{i}\omega_0 t} \cos\left[g_1(t)\right] \tag{2.67}$$

$$R_2 = \frac{1}{\sqrt{2}} K_2 E_0 \mathrm{e}^{\mathrm{i}\omega_0 t} \cos\left[g_2(t)\right] \tag{2.68}$$

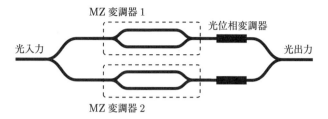

図 2.45　2 並列 MZ 変調器の構成図。2 つの MZ 変調器と光位相変調器からなる。光位相変調器は 2 つの MZ 変調器からの光信号間の位相関係を調整するために用いられる。

となる。2.3.1 項で述べたように，2 つの光信号を合波するときにも振幅が $1/\sqrt{2}$ 倍されるので，全体としての光出力 R は

$$R = \frac{E_0 e^{i\omega_0 t}}{2} \left[K_1 \cos[g_1(t)] + e^{i\phi_p} K_2 \cos[g_2(t)] \right] \tag{2.69}$$

となる。ここで，入力光の初期位相は時刻 $t=0$ のときに MZ 変調器 1 からの光信号の位相が出力点でゼロとなるように設定した。これまでに議論したとおり，入力光の位相はファイバの変動などで揺らいでおり，入力光位相の絶対値のもつ物理的意味はほとんどない。初期位相の設定は数学表現が簡便になるように適宜設定しても差し支えない。K_1, K_2 は MZ 変調器 1, 2 での光導波路内での損失に相当するが，分岐，合波部分で理想的な振幅変化 $1/\sqrt{2}$ からのずれもこれらのパラメータで表すことができる。ϕ_p は 2 つの MZ 変調器からの出力光の間の光位相差で，図 2.45 に示す光位相変調器であたえることができる。$\phi_p = \pi/2$ のとき，MZ 変調器 2 からの光信号が図 2.44 に示すような虚数軸上の振幅変調信号となる。$K_1 = K_2 = K$ が近似的に成り立ち，2 つの MZ 変調器での光損失，分岐および合波のバランスがとれているとすると，光出力 R は

$$R = \frac{E_0 K e^{i\omega_0 t}}{2} \left[\cos[g_1(t)] + i \cos[g_2(t)] \right] \tag{2.70}$$

とかける。

$$g_1(t) = \cos^{-1} X(t) \tag{2.71}$$

$$g_2(t) = \cos^{-1} Y(t) \tag{2.72}$$

とすると，

2.4 ベクトル変調

$$R = \frac{E_0 K e^{i\omega_0 t}}{2} [X(t) + iY(t)] \tag{2.73}$$

$$= \frac{E_0 K e^{i\omega_0 t}}{2} \sqrt{X(t)^2 + Y(t)^2} \, e^{i \tan^{-1} \frac{Y(t)}{X(t)}} \tag{2.74}$$

となる。式 (2.4) と比較すると

$$E(t) = \frac{KE_0}{2}\sqrt{X(t)^2 + Y(t)^2} \tag{2.75}$$

$$\Phi(t) = \tan^{-1}\frac{Y(t)}{X(t)} \tag{2.76}$$

となる。ここで $|X(t)|, |Y(t)| \leq 1$ であり，$g_1(t), g_2(t)$ を変化させると，フェーザ表示した出力光を図 2.46 に示す範囲内で自由に制御できる。ただし，導波路内部での損失などが無視できる理想的な状態 ($K=1$) を想定しても，出力光振幅は最大でも $E_0/\sqrt{2}$ にとどまる。最大値をあたえるのは $X, Y = \pm 1$ のときで，図中に A で示した点に相当する。$X = 1, Y = 0$ などの点 B では出力光振幅が $E_0/2$ となる。入力から出力へのエネルギー変換効率は点 A で 50 %，点 B では 25 % となり，半分以上を合波回路での放射として損失している。3.2.2 項においても述べるが，X, Y を $+1$ から -1 の範囲で等分割した点をシンボルに用いると多値 QAM 信号がえられる。図 2.47 は 16 値 QAM 信号の表示である。X, Y が $\pm 1, \pm 1/3$ の場合の 16 通りの状態をシンボルに用いて 1 回の変調で 4 ビットの情報を送ることができる。このような複素平面上にシンボルの配置を示したものを**コンステレーションマップ**，もしくは単に**コンステレーション**とよぶ。

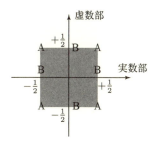

図 2.46　直交振幅変調で発生可能な光波状態の範囲

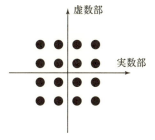

図 2.47　16 値 QAM 信号の図

2.4.2 振幅位相変調

光信号は，式 (2.4) に示すように振幅 $E(t)$ と位相回転を表す要素 $\mathrm{e}^{\mathrm{i}\Phi(t)}$ の積で表現できる．これは図 2.48 に示すように，振幅変化と位相変化をあわせると任意の光波状態をえることができることを意味しており，位相変調と振幅変調を直列的に組み合わせることでベクトル変調が実現できる．位相変調と振幅を入れ替えても原理的には同じ結果がえられる．このような振幅変調と位相変調の組合せによるベクトル変調を**振幅位相変調** (APM: Amplitude and Phase Modulation) とよぶ．

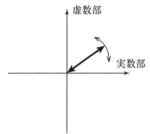

図 2.48　振幅変調と位相変調の組合せによるベクトル変調

図 2.49 に，MZ 変調器で振幅を制御し，光位相変調器で位相を回転させる構成を示した．MZ 変調器と位相変調器に印加される変調信号をそれぞれ $g(t)$, $v(t)$ とすると，式 (2.21) と式 (2.32) より，出力光 R は

$$R = KE_0 \mathrm{e}^{\mathrm{i}\omega_0 t + \mathrm{i}v(t)} \cos[g(t)] \tag{2.77}$$

となることがわかる．ここで，K は位相変調器と MZ 変調器での損失をあわせたものとした．

$$g(t) = \cos^{-1} X(t) \tag{2.78}$$

$$v(t) = Y(t) \tag{2.79}$$

図 2.49　MZ 変調器と位相変調器の直列接続

2.4 ベクトル変調

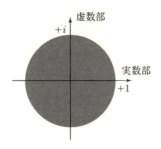

図 2.50　振幅位相変調で発生可能な光波状態の範囲

として，式 (2.4) と比較すると

$$E(t) = KE_0 X(t) \tag{2.80}$$

$$\Phi(t) = Y(t) \tag{2.81}$$

がえられる。$0 \leq X(t) \leq 1$, $0 \leq Y(t) < 2\pi$ とすると，図 2.50 に示す範囲内で任意の光波の状態を発生させることが可能である。

図 2.51 に，振幅 $X(t)$ を 2 通り，位相 $Y(t)$ を 8 通り (45 度等間隔) で合計で 16 通りの状態をもつ APM 信号のコンステレーションを示した。図 2.47 の 16QAM と同じく，1 回の変調で 4 ビットの情報伝送が可能である。

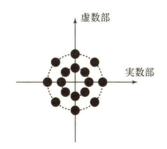

図 2.51　16 値 APM 信号のフェーザ図

2.4.3　直交振幅変調と振幅位相変調の比較

QAM は，式 (2.71), (2.72), (2.73) に示されるように，変調信号と複素数の実数部，虚数部の振幅に直接対応しているので，直交座標表示の x, y を操作するものといえる。一方，APM は式 (2.80), (2.81) のとおり，変調信号が光信号の

大きさと位相に直接対応しているので，極座標表示の r と θ の操作を物理的に実現したものといえる．

図 2.45 に示した 2 並列 MZ 変調器による QAM の場合は光の変換効率は最大でも 50 % であり，図 2.50 と比較すると，APM で発生可能な光波状態の範囲のほうが大幅に広いことがわかる．APM の場合，導波路内の損失を無視できる理想的な変調器 ($K=1$) において，最大の光変換効率は 100 % となる．MZ 変調器の出力を最大，すなわち，$X(t)=1$ とすると，原理的には損失なしで入力光が出力光へと変換される．

ただし，振幅と位相を個別に制御した場合，図 2.51 に示すようなコンステレーションとなり，振幅が小さいときのシンボル間の距離が短く，雑音などの影響による光波状態の変化で信号誤りが発生する可能性が高いという問題がある．図 2.47 に示すような各シンボルが等間隔の光信号をえるためには，振幅 $X(t)$ と位相 $Y(t)$ に対して複雑な制御が必要となる．16 値 QAM の場合，振幅を 3 通り，位相を 12 通りに不等間隔で変化させる必要がある．変調信号を発生させる電気回路においては，複雑な機能や制御精度と動作の高速性は一般にトレードオフの関係にあり，高速伝送システムにおいて，複素平面上でシンボルが等間隔に並ぶ多値 QAM 信号を APM で発生させるのは容易でなく，変換効率が低いにもかかわらず，2 並列 MZ 変調器によるベクトル変調が用いられることが多い．

2.5 光変調信号の安定性について

上記の MZ 変調器による振幅・位相変調や直交振幅変調，振幅位相変調などは複数の位相変調器を組み合わせて実現されており，各位相変調器の出力位相の安定性について注意が必要である．光位相変調器の出力光位相は，光源揺らぎやファイバの温度変動，機械振動などによる大きな変動をもつ．また，変調器内部で発生する DC ドリフトの影響もある．式 (2.17) では，時刻 $t=0$ での出力光の位相がゼロで $e^{i\omega_0 t}$ に沿った変化をするものとした．動作原理の理解には問題ないが 2.2.4 項で議論したとおり，図 2.52 に示すような実際の通信システムでは，光源や光ファイバの変動で位相が常に揺らいでおり，光変調器で加えられる光位相変化よりも大きな変化が存在しており，位相 Φ_0 が変化して

2.5 光変調信号の安定性について

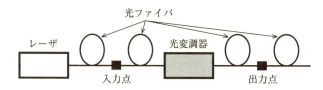

図 2.52 光ファイバで接続されたレーザと光変調器。レーザ自体のもつ揺らぎに加えて，光ファイバ内においても光位相変化が生じる。

いることになる。

2.5.1 光源と光路長の揺らぎ

MZ 変調器では，2 つの光位相変調器の出力を合波し干渉させる。個別の光部品で MZ 構造を構成した場合，これらの変動により，安定したバイアス点設定が困難となる。MZ 構造では光路での位相変化が強度変化に変換され，光強度を情報として用いる通信システムに大きな影響をあたえる。

●光源の揺らぎ

図 2.53 に示す構成は，異なる波長のレーザからの光を個別に変調し，同一のファイバに複数のチャネルを設ける波長多重伝送システムでよく用いられるものである。波長多重伝送システムでは異なる波長チャネル間の光干渉は利用しないため，それぞれのレーザでの位相揺らぎがランダムであっても通信性能への影響はない。

この構成で 2 つのレーザの波長を一致させ，個別の光位相変調器でそれぞれ振幅変調して合成すれば，光干渉により強度変調が原理的には可能であるが，レーザ光の位相揺らぎにより 2 つの振幅変調信号間の光位相を安定的に確定することが困難となる。また，2 つの独立した光源の波長を厳密に一致させるこ

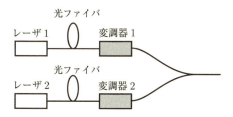

図 2.53 2 つの独立したレーザから発生した光を個別に変調する構成

とも容易でない.

● 光路長の揺らぎ

図 2.54 に示す構成では, 1 つのレーザを共通の光源として, これを 2 分岐して 2 つの個別の光変調器で位相変調を施す. レーザの発振波長が変動したとしても, 変調器入力点で共通の変動となるので, 2 つの光波間の光周波数のずれはない. しかし, レーザから変調器まで光を導くための光ファイバの温度変化, 機械振動などより, 位相差が変動し, 安定動作の実現が困難である. 図 2.34 に示すような集積化された MZ 変調器では, 光路長変化の差が非常に小さく (光路長自体が温度で変化したとしても 2 つの光路でほぼ同様の変化をする), また, 入力光が共通であるので, 集積化により光路長変化を抑圧されることから, 上記の光ファイバの変動や入力光の位相揺らぎの影響を抑えることができる.

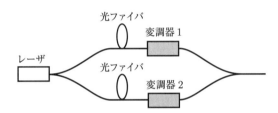

図 2.54　1 つのレーザから発生した光を共有し個別に変調する構成

2.4.1 項で紹介した直交振幅変調の場合も同様で, 個別の振幅変調器を光ファイバで接続して構成した場合, 2 つの変調器でえられる振幅変調信号の間に図 2.43, 2.44 に示す直交関係を維持することが困難である. 2 つの光波間の位相関係を安定にするための制御手法は開発されているが, 位相差を検出して, それに基づくフィードバック制御を実現する必要があり, 構成の複雑さと, 長期的安定性の確保などが課題である. 安定したベクトル変調を可能とする 2 並列 MZ 変調器の集積化が実現しており, 利用が広がりつつある [35, 50]. MZ 変調器ではフェーザ図上で 2 つの光波が同一直線上にあり, 安定した干渉をえるのに対して, 直交振幅変調では 2 つの光波が互いに 90 度位相がずれた状態を維持して干渉のない独立した振幅制御を実現する. 干渉の最大化と抑圧と目的は大きく異なるが, 相対的な光位相差を安定化させるという点では同じ技術といえる.

2.5.2 各種の揺らぎの特徴と抑圧のための手法

上記の光源の揺らぎ(光源から変調器までをつなぐファイバの変動も含む)と，各変調器を接続するための光ファイバでの光路長変動に加えて，光変調器の動作に影響をあたえる現象として，変調器内部で発生する DC ドリフトが知られている．DC ドリフトは光導波路に直流電圧を印加すると，光路長が長期的(年以上のオーダーも)にわずかに変動する現象である．

それぞれの変動の周波数成分は，特定の範囲に限られているという特徴がある．光源揺らぎは一般的な半導体レーザでは数 MHz 以下の帯域，安定度を特に重視した共振器を外部にもつ光源では数 kHz 以下の帯域が主な成分となる[75, 76]．レーザの変動成分の帯域幅は一般に**線幅**とよばれている．ファイバの温度変動，機械変動による光路長変動は，より低い周波数成分に限られる．DC ドリフトはさらに遅い変動を起こす．10 ~ 100 Gbit/s のデータ伝送のための光信号の帯域と DC ドリフト，光路長変動，DC ドリフトの関係を図 2.55 に示した．狭線幅レーザでは，変動成分の帯域が数 kHz もしくは数 100 Hz 以下である．

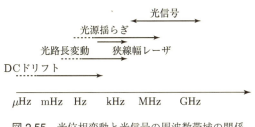

図 2.55 光位相変動と光信号の周波数帯域の関係

また，表 2.3 に位相変動の原因となる現象ごとに相対的な位相差安定化するための手法をまとめた．光路長変動と光源揺らぎは集積化と入力光を共通とすることで抑圧できるが，DC ドリフトは変調器内部で生じるためデバイス構成で抑えることは難しい．ただし，DC ドリフトは非常に変化が遅い現象であるので，一般的なフィードバック制御系で安定化することが可能で，自動的に所望のバイアス点を追尾する自動バイアス回路が広く普及している [39, 77]．

いずれの場合にも，変調器の入力部，出力部での絶対位相が重要となることは少ない．光検出器による強度の直接検波は絶対位相の変動に応答しないので，

表 2.3　光位相の揺らぎの原因となる現象とその抑圧方法

	DC ドリフト	光路長変動	光源揺らぎ
周波数帯域	数年$^{-1}$ 〜 数 10Hz	〜 100kHz	数 10MHz
位相差抑圧方法	自動制御	集積化	入力共通化

強度変化に影響をあたえない。逆に，絶対位相が全体の性能や機能に影響をあたえるような構成は，実用上，安定性に課題をもつこととなる。

一方，差動検波では時間軸で隣り合うシンボル間の位相差を検出する。相対的な位相差が一定であれば安定動作が可能である。図 2.55 に示すとおり，狭線幅レーザを用いれば，光信号の変化が揺らぎよりも速いため，隣り合うシンボル間では揺らぎの影響を無視することができ，安定した復調が可能となる。

近年普及が進むデジタルコヒーレント通信では光位相を情報伝送に用いる。狭線幅レーザ光源が性能向上に重要であるものの，送信側の光位相をデジタル信号処理で推定して追尾するものであり，これらのシステムにおいても変調器入力部，出力部で絶対位相は安定化されていない。計算で光路変動，光源揺らぎによる光位相変化を等価的に抑圧していることになる。これは，

(1) 光源の性能向上により変動が一定の周波数帯域内に限定されていること，

(2) 変調速度が向上し光信号の周波数帯域がより高い領域にあること，

(3) デジタル信号処理の能力が向上していること，

の 3 つの要素があわさって実用になっていると考えることができる [17]。

3
各種デジタル変調方式と光変調器

　本章では，様々なデジタル変調方式に対応するための光変調器の構成について述べる．変調器に印加する電気信号発生部分や光変調器内部の理想的な状態からのずれ，光位相の変動，雑音の影響などを考慮に入れる必要がある．以下では，まず，デジタル通信システムの基本となる2値変調が電気光学効果による変調器でどのように実現されるのかを述べる．多値変調では多値化を電気回路，光回路のいずれで実現するかが技術のポイントとなる．高速動作実現には，電気回路の周波数特性の限界による性能の制限などを考慮に入れる必要がある．

3.1　2値変調

　2値変調方式は，2進数の一桁に相当する"0"か"1"からなる1ビットを送るために2種類のシンボルを使って信号伝送を行うというもので，これらの方式自体が幅広く実用となっていると同時に，多値変調方式を実現するための要素技術となっている．強度変調は変復調の構成が簡単であるために広く利用されてきたが，伝送性能の高さから，最近は位相変調の利用が広まりつつある．

3.1.1　強度変調

　もっともシンプルな変調方式は，光信号の強弱で信号伝送を実現するもので，特に，オフを"0"，オンを"1"とするものを**オンオフ変調**(OOK: On-Off-Keying)とよぶ．

　図3.1に振幅"0"と振幅"1"をシンボルとするOOK信号のコンステレーションを示した．出力光の振幅を1とすると，2つのシンボル間の距離は1と

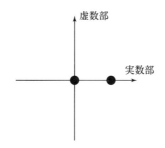

図 3.1　OOK 信号のコンステレーション

なる。受信点では伝送路途中のアンプが発生する雑音などの影響でシンボル点にずれや広がりが発生するが，シンボル間の距離が大きいほど，これらの影響による符号誤りの可能性を抑えることができる。オン状態の光位相をゼロ，つまり，正の実数軸上にあるとしたが，実際の光通信システムにおいては 2.5 節で示したとおり光位相は大きく揺らいでいる。

　図 3.2 は，位相変動を考慮に入れたコンステレーションである。受信側では光強度，すなわち，フェーザ図上で原点からの距離のみを検出し，強度が所定の値以上であればオン状態と判断するため，光位相の揺らぎの影響は受けずに信号伝送が可能である。送信側でチャープによる位相変化が生じた場合も同様に光強度は変化しないが，ファイバ伝送途中の分散の影響で位相変化が強度変化に変換され，受信波形の劣化の原因となる。

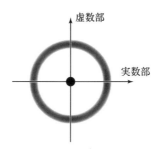

図 3.2　光位相の揺らぎがある場合の OOK 信号のコンステレーション

3.1 2値変調

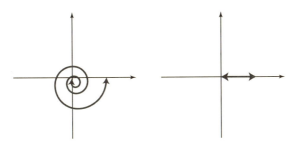

図 3.3 オンオフ切り替え時の光波状態の軌道。(左) チャープが多く含まれる場合。(右) ほぼゼロチャープの振幅変調。

図3.3に，オンオフ切り替え時の光波状態の変化のようすを示した．左図が直接変調などのチャープが多く含まれる場合に，右図がMZ変調器によるチャープが小さく精度の高い振幅変調に相当する．チャープが多く含まれる場合には強度変化に位相回転が含まれ，チャープがほぼゼロの場合に比べて，フェーザ図上の軌道が非常に長くなる．変調速度が同じだとすると，チャープが大きいほど光波状態の変化の速度が大きくなることを意味しており，光信号のスペクトル幅が広がる原因となる．以上の考察より，分散の影響が少ない場合やスペクトル幅広がりが問題とならない場合には，直接変調を用いることが可能であるが，伝送距離向上，周波数利用効率向上にはMZ変調器による低チャープ振幅変調が有効である．

次に，MZ変調器でOOK信号を発生させる場合の動作条件と実際にえられる波形について述べる．図3.4(左)に応答曲線(変調器への印加電圧に対する出力光強度の応答)とバイアス，シンボルの関係を示した．2つのシンボル間の電圧変化が半波長電圧 $V_{\pi\mathrm{MZM}}$ (光強度を最小から最大まで変化させるために必要な電圧) よりも小さい場合を考える．光強度が半分となる点Cをバイアス点として，点Aと点Bをシンボルとすると，フェーザ表示で図3.4(右)に示すようなコンステレーションとなる．これは2.3.3項で定義した直交バイアスに相当する．

印加電圧は，変調信号を発生・増幅させるための電気回路での雑音や不完全性のために一定の揺らぎをもつ．光強度もこれに対応した変動をするため，フェーザ図上のシンボルが半径方向に広がりをもつ．光アンプなどにより光伝送の途中で発生する雑音は半径方向，回転方向の両方に揺らぎを発生させる．

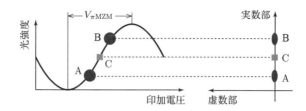

図 3.4 MZ 変調器による OOK 信号発生。(左) MZ 変調器の応答曲線上の 2 つのシンボルとバイアス点。(右) OOK 信号のコンステレーション (実軸を上下方向にとっている)。

ここで，簡単のため MZ 変調器のチャープパラメータ α_0 をゼロとした。チャープがある場合には点 A と点 B の間で光位相差が発生し，A, B, C の 3 点が直線上に並ばないが，図 3.4(左) の応答曲線には変化がない。図 3.2 に示すような光位相の揺らぎを考慮した場合，コンステレーションは同心円状となり，チャープはシンボル配置には影響をあたえないことがわかる。

バイアス点 C を調整し，光出力最小点をシンボル (点 A) とした場合を図 3.5 に示した。点 A では，光強度の印加電圧に対する微分係数がゼロで，印加電圧の変動による光強度の変化が小さく抑えられる。図 3.5(右) のフェーザ図上で点 A のシンボルの揺らぎにより，広がりが点 B と比較して小さいことがわかる。

直交バイアス条件 (光強度が半分となる点 C をバイアス点) で，2 つのシンボル間の電圧変化が半波長電圧 $V_{\pi\mathrm{MZM}}$ と等しいとすると，図 3.6 に示すよう

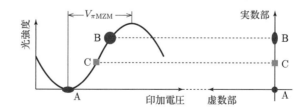

図 3.5 光強度最小点をシンボルとした MZ 変調器による OOK 信号発生。(左) MZ 変調器の応答曲線上の 2 つのシンボルとバイアス点。(右) OOK 信号のコンステレーション (実軸を上下方向にとっている)。

3.1　2 値変調

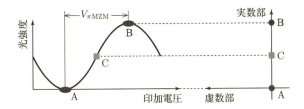

図 3.6 変調信号振幅が最適化された MZ 変調器による OOK 信号発生。(左) MZ 変調器の応答曲線上の 2 つのシンボルとバイアス点。(右) OOK 信号のコンステレーション (実軸を上下方向にとっている)。

に，点 A, B でそれぞれ光強度最大，最小となる．また，両方の点で印加電圧に対する光強度の変化が最小となり，印加電圧の変動の影響を抑えることができる．この動作条件は，シンボル間の距離を最大化と，電気信号の変動の影響を最小化を両立するものであり，OOK 信号発生のための最適なものといえる．MZ 変調器は光出力が最大と最小の点を利用することで，信号を最大化するとともに，雑音を抑えることを可能とすることを意味しており，MZ 変調器の大きなメリットの一つである．

3.1.2　位相変調

ここでは，2 つの異なる位相状態を用いる **2 値位相変調** (BPSK: Binary Phase-Shift-Keying) について述べる．単に PSK (Phase-Shift-Keying) というと BPSK のことをさすことが多いが，最近は様々な変調方式が開発されており，PSK はデジタル位相変調方式の総称，2 値のものを BPSK，4 値位相変調を **QPSK** (Quadrature-Phase-Shift-Keying)，より多くのシンボルを用いる位相変調を **n-PSK** (n はシンボルの数) とよぶほうが混乱を避けるためには望ましい．図 3.7 は BPSK 信号のコンステレーションである．振幅の大きさが 1 で位相が 0 度，180 度の 2 通りの状態をシンボルとしている．シンボル間の距離は OOK の 2 倍である．位相変化が 90 度など他の値とすることも原理上は可能であるが，シンボル間の距離を最大化することが伝送特性向上に必要であるので，通常，360 度を等分割したシンボル配置とする．2 値の場合には 180 度位相差となる．QPSK の場合には 90 度の位相差を用いる．180 度の位相変化

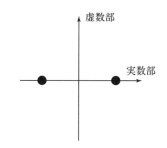

図 3.7　BPSK 信号のコンステレーション

は振幅の符号を反転することに相当しており，図 3.7 に示すように，2 つのシンボルはともに実数軸上にある．これは，180 度位相差を用いた BPSK は，2 通りの振幅 ±1 をシンボルとした**振幅変調** (ASK: Amplitude-Shift-Keying) と等価であることを意味している．したがって，BPSK 信号は振幅変調器で発生させることが可能である．光位相の揺らぎを考慮に入れると，BPSK 信号のコンステレーションは図 3.8 のようになる．揺らぎの変化する速度よりも変調速度が十分速ければ，時間軸上での前後数シンボルの間では位相関係が 0 度または 180 度で保たれている．前後するシンボル間の位相差を検出することで，揺らぎによる位相回転の影響を抑圧することができる．DPSK では位相そのものをシンボルとするのではなく，位相変化をシンボルとする．例えば，位相変化がない場合を "0"，180 度位相変化を "1" とするなどが考えられる．この信号方式を**差動位相変調** (DPSK: Differential-Phase-Shift-Keying) とよぶ．2 値の DBPSK (Differential-Binary-Phase-Shift-Keying)，または 4 値

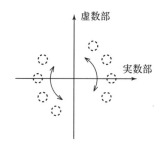

図 3.8　光位相の揺らぎがある場合の BPSK 信号のコンステレーション

3.1 2値変調

のDQPSK (Differential-Quadrature-Phase-Shift-Keying) が用いられることが多い [24, 50]。また，受信側の時間差をもった信号間の位相差を干渉で検出する方法は**遅延検波**とよばれる。

振幅変調器としてゼロチャープ MZ 変調器を用いた BPSK 信号発生について考察する。MZ 変調器は，印加電圧に応じて出力光の振幅をフェーザ図上で実数軸上 (光位相の揺らぎを考慮に入れない場合) で変化させる。図 3.9(左) に光位相に関する応答曲線 (変調器への印加電圧と出力光位相の関係) 上に，シンボルとバイアス点を示した。光強度が最小の点でのヌルバイアスに相当する (2.3.3 項参照)。ゼロチャープ MZ 変調器で光振幅の符号を反転させ 2 つのシンボルをえる。OOK では $V_{\pi\mathrm{MZM}}$ に等しい電圧変化で光強度のオンオフを切り替えていたが，BPSK ではシンボル間距離をもっとも大きくとるためには

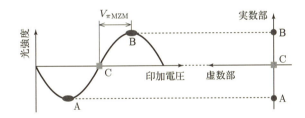

図 3.9 MZ 変調器による BPSK 信号発生。(左) MZ 変調器の応答曲線上の 2 つのシンボルとバイアス点。(右) BPSK 信号のコンステレーション (実軸を上下方向にとっている)。

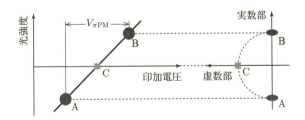

図 3.10 位相変調器による BPSK 信号発生。(左) 位相変調器の応答曲線上の 2 つのシンボルとバイアス点。(右) BPSK 信号のコンステレーション (実軸を上下方向にとっている)。

$2V_{\pi\text{MZM}}$ の電圧変化が必要となる (図 3.6 と図 3.9 では印加電圧を示す横軸のスケールが 2 倍異なっている)。光位相変調器を用いても BPSK 信号の発生は可能である。図 3.10(左) に，光位相に関する応答曲線上に 2 つのシンボルとバイアスの関係を示した。印加電圧の揺らぎは出力光の位相の変動につながるので，図 3.10(右) に示すようにフェーザ図上の半径方向のシンボルの広がりが生じる。これに対して，MZ 変調器による BPSK 信号発生では，光振幅の絶対値が最大となる (つまり，光強度が最大となる) 点 A, B をシンボルとしており，図 3.6 に示した場合と同様に，印加電圧の揺らぎに対する光振幅の変動を抑圧することができる。

図 3.11 に，BPSK 信号のシンボルとシンボル間を移動する途中の過渡状態を軌道として示した。MZ 変調器の場合 (左) は，シンボル間を最短距離で結ぶ直線上を移動するのに対して，位相変調器の場合 (右) は過渡状態の軌道は円弧となり，移動距離が長くなる。よって，MZ 変調器のほうがフェーザ図上での光波状態の変化の速度を低く，光信号のスペクトル広がりを抑えることができる。また，高速伝送システムでは所望のシンボルに光波状態が長くとどまることはなく，過渡状態が時間軸上で見たときに大半を占めることもある。図 3.12 に，MZ 変調器により発生させた BPSK 信号の時間波形を示した。シンボル間を移動する間も位相は 0 度または 180 度で一定で，光波状態が原点を通過するときに不連続的に変化する。振幅は過渡状態で大きく変化する。過渡状態の途中で光強度が最小 (理想的な変調器ではゼロ) となる。これは信号伝送に寄与しない過渡状態の光エネルギーを抑圧する効果があり，伝送特性向上に適した性質で

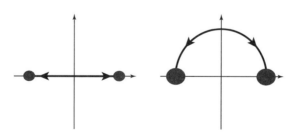

図 3.11　BPSK 信号のコンステレーションと過渡状態の軌道。(左) MZ 変調器による BPSK 信号発生。過渡状態も実数軸上のみを経由する。(右) 位相変調器による BPSK 信号発生。過渡状態は円周上をたどる。

3.1 2値変調　　　　　　　　　　　　　　　　　　　　　　　　　　　73

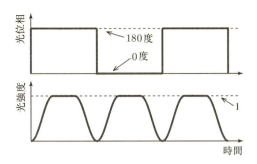

図 3.12　MZ 変調器により発生させた BPSK 信号の時間波形。(上) 光位相変化。光波状態が実数軸上を移動するので，原点通過時に 0 度から 180 度に変化する。(下) 光強度変化。原点通過時に最小値ゼロとなる。

ある。MZ 変調器で発生させた BPSK 信号は原点対称の軌道上を変化するので過渡状態を含めた時間平均をとっても平均値はゼロ，つまり，原点上となる。これは，光信号がフェーザ表示で直流成分をもたないことを意味している。

一方，図 3.13 に示す位相変調器による BPSK 信号発生の場合，光強度は一定で，位相は 0 度から 180 度まで連続的に変化する。光波状態はフェーザ図上の第一象限と第二象限のみを移動することになる。虚数軸に対して対称ではあるが，虚数成分が正の範囲に偏った軌道となるため，時間平均をとると虚数軸上，正の範囲の一定値となる。これは，光信号がフェーザ表示での直流成分，すなわち，搬送波成分をもつことを意味している。電極に印加する電気信号に

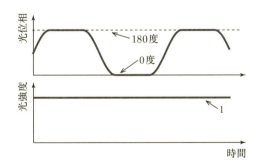

図 3.13　位相変調器により発生させた BPSK 信号の時間波形。(上) 光位相変化。0 度から 180 度まで連続的に変化する。(下) 光強度変化。一定値にとどまる。

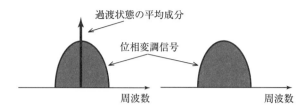

図3.14 BPSK信号のスペクトラム。(左) 位相変調器により発生させた場合。(右) MZ変調器により発生させた場合。

あらかじめ信号処理をして，第三，第四象限も通る軌道とすることは原理上可能であるが，2倍の電気信号振幅と複雑なデジタル処理が必要となるため，高速変調に適用するのは困難である。位相変調の場合，情報伝送に直接寄与しない搬送波成分は送信側で抑圧することが望ましい。しかし，高速変調では過渡応答部分の寄与が無視できず，位相変調器によるBPSK信号においては2つのシンボル成分と90度位相がずれた搬送波成分が出力光に残留することになる。図3.14に，位相変調器とMZ変調器によるBPSK信号スペクトルの比較を示した。MZ変調器では適切にバイアス点を設定すれば，原点対称の光波状態変化がえられ，搬送波が容易に抑圧できるため，伝送特性の点で有利であるといえる。

上記のとおり，MZ変調器，位相変調器のいずれもBPSK信号を発生させることができるが，MZ変調器は位相変調器と比較して伝送特性に影響をあたえうる3つの要素，
 (1) 電気信号の揺らぎの影響，
 (2) 過渡応答成分のもつ光エネルギー，
 (3) 搬送波成分のエネルギー
の抑圧が可能であるという特長をもつ。これらを表3.1にまとめた。MZ変調器は，フェーザ図上最短でシンボル間を変移するので不要なスペクトル広がりを抑えることができる。MZ変調器における光損失は，分岐部分における損失や合波部分で原理的に放射される成分などがあるために，一般に位相変調器よりも大きくなる。しかし，BPSKではMZ変調器の透過率最大のときに信号伝送に必要な光を出力するという動作をさせるので，光損失増大の問題は比較的

3.1　2 値変調

表 3.1　MZ 変調器と位相変調器の比較

	MZ 変調器	位相変調器
電圧揺らぎ抑圧	○	×
過渡応答成分抑圧	○	×
搬送波成分抑圧	○	△
シンボル間最短移動	○	×
バイアス不要	×	○

少ない．また，MZ 変調器は位相変調器よりも構成が複雑で，バイアス制御が必要という課題があるが，伝送特性向上に適した波形をえることができるため，BPSK 信号発生に広く用いられている．さらに，3.2 節で述べるように，MZ 変調器による BPSK 信号を複数組み合わせた多値信号発生技術が開発されており，実用化が進みつつある．

3.1.3　周波数変調

電気光学効果による位相変調を組み合わせて光周波数を変化させることが可能で，これを用いた 2 値の**周波数変調** (FSK: Frequency-Shift-Keying) を考える．フェーザ図は入力光 (搬送波) の光周波数を基準としており，光信号の光周波数が搬送波周波数と等しい場合，フェーザ図上の点として表すことができる．逆にいうと，光周波数が一致しない場合には点として表すことができない．周波数 $(\omega_0 + \omega')/2\pi$ と $(\omega_0 - \omega')/2\pi$ をシンボルとすると，それぞれの振動成分は $e^{i(\omega_0+\omega')t}$，$e^{i(\omega_0-\omega')t}$ となる．搬送波の振動成分 $e^{i\omega_0 t}$ を基準としたフェーザ表示をすると，

$$e^{\pm i\omega' t} = \cos\omega' t \pm i\sin\omega' t \quad (3.1)$$

となる．図 3.15 に示すように，周波数が高いシンボル (周波数：$(\omega_0 + \omega')/2\pi$) が反時計回り，周波数が低いシンボル (周波数：$(\omega_0 - \omega')/2\pi$) が時計回りの円周上の軌道で表される．光強度は一定であるので，光検出器による光強度を検波する方法では復調できず，フィルタによる光周波数弁別，遅延検波，コヒーレント検波などの手法が必要である．

式 (3.1) より，ベクトル変調で実数軸成分を $\cos\omega' t$，虚数軸成分を $\sin\omega' t$ でそれぞれ振幅変調すれば FSK 信号がえられることがわかる [56, 59]．各位相変調器でのサイドバンド発生から，周波数シフトの動作を説明することもできる

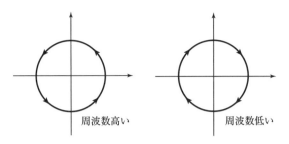

図 3.15　FSK 信号のフェーザ図

が，詳細は 5.2.2 項で述べる．レーザ直接変調による光周波数制御を FSK に利用することが可能である．しかし，周波数変化に強度変化がともなうなどの課題がある [34]．

3.2　多値変調

多値変調方式は 3 つ以上のシンボルを用いて，一度の変調で 1 ビットを超える情報を伝送するもので，周波数利用効率向上をめざした研究開発が進み QPSK などは実用になりつつある．一般には 2^N 個のシンボルで N ビットの伝送を実現する．振幅もしくは強度のみを用いた多値変調も可能ではあるが，シンボル間の距離が小さくなり伝送特性の点で不利であるため，多値変調にはベクトル変調を用いるのが一般的である．ここでは 2.4.1 項で述べた直交振幅変調による多値変調について説明する．

3.2.1　4 値位相変調

図 3.16 に，4 値位相変調信号 (QPSK) のコンステレーションを示した．光強度は一定で，90 度ずつ光位相ずれた位置の 4 つのシンボルで一度の変調で 2 ビットの情報伝送を実現する．光強度を 1 とするとシンボル間の最短距離は $\sqrt{2}$ となる．この距離は OOK の 1 よりも大きな値である．4 種類の光位相を用いた位相変調であるので **4-PSK** または **QPSK** とよばれるが，式 (2.73) で表される QAM において，$X, Y = \pm 1$ とした場合もまったく同じコンステレーションの信号がえられる (光強度は 1 となるように規格化)．つまり，QPSK と 4-QAM は同一の変調方式をさす．図 3.10 に示した位相変調器による BPSK 信

3.2 多値変調

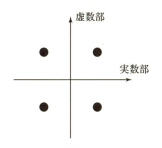

図 3.16　QPSK 信号のコンステレーション

号の発生と同様に，位相変調器に 4 値振幅変調された電気信号を印加すると QPSK 信号がえられる (図 3.17 参照)。

一方，直交振幅変調で $(X, Y) = (\pm 1, \pm 1)$ としてコンステレーションをえる場合には，2 つの BPSK 信号を MZ 変調器で発生させ，2 つの光信号間に 90 度の位相差をもたせると実数軸，虚数軸でそれぞれ ± 1 からなる BPSK (2-ASK) 信号がえられる。これを光回路で合波させるとベクトル的に加算されるので，QPSK (4-QAM) 信号がえられる。BPSK 信号は位相変調器でえることも可能であるが，MZ 変調器は 3.1.2 項で述べたとおり電気信号の揺らぎ抑圧などのメリットをもつために，QPSK 信号発生においても，図 3.18 に示すような 2 つの MZ 変調器を並列に集積化した 2 並列 MZ 変調器が用いられることが多い [24, 35, 50]。QPSK はシンボル間の距離が OOK よりも大きく，また，1 回の変調で 2 ビットの情報伝送ができるというバランスのとれた特性をもつ。

図 3.19 に，QPSK/4-QAM 信号のシンボルとシンボル間を移動する途中の過渡状態を軌道として示した。2 並列 MZ 変調器の場合 (左) はシンボル間を最短距離で結ぶ直線上を移動するのに対して，位相変調器の場合 (右) は過渡

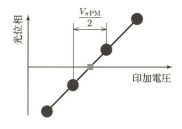

図 3.17　位相変調器による QPSK

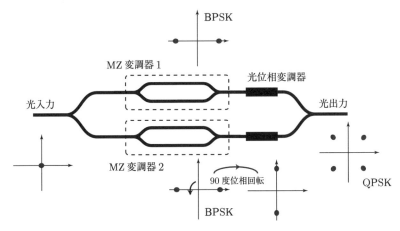

図 3.18　QAM による QPSK

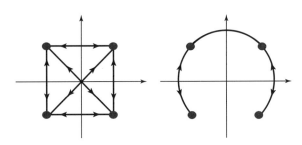

図 3.19　QPSK/4-QAM 信号のコンステレーションと過渡状態の軌道。(左) 2 並列 MZ 変調器による QPSK/4-QAM 信号発生。最短距離でシンボル間を移動する。(右) 位相変調器による QPSK/4-QAM 信号発生。過渡状態は円周上をたどる。

状態の軌道は円弧となり，移動距離が長くなる。また，印加電圧範囲の拡大，高速デジタル信号処理の必要性などから，BPSK のときと同様に位相変調器による QPSK において円周すべてを均等に移動する軌道をえるのは困難で，図 3.14(左) に示すように搬送波成分が残留するという問題がある。また，位相変調器に 4 種類の電圧を切り替えて印加する必要があるが，これも高速変調に対応させるのは容易ではない。高速の D/A 変換器や線形性の高い増幅器が必要となるのが課題である。一方，図 3.18 に示す QAM による信号発生の過程は，光波状態のもつ 2 つの自由度，実数軸成分と虚数軸成分のそれぞれに対して 2 値

3.2 多値変調

の変調を施したものが 4-QAM 信号であるということを意味している。位相に注目すると，4-QAM 信号は上述のとおり 4 値の位相をシンボルとする QPSK 信号とみなすことができるが，2 並列 MZ 変調器による信号発生では電気回路内，変調器内に多値信号はなく，2 値変調を 2 つ組み合わせることで実現されている。これにより，従来の 2 値変調向けに開発された電子回路や MZ 変調器などの要素技術を活用することが可能であるため，バイアス制御の複雑さや集積化した 2 並列 MZ 変調器が必要という課題があるものの実用技術となりつつある。電子回路や変調器に要求される信号制御精度は BPSK や OOK と同程度である。

表 3.2　2 並列 MZ 変調器と位相変調器の比較

	2 並列 MZ 変調器	位相変調器
電圧揺らぎ抑圧	○	×
過渡応答成分抑圧	△	×
搬送波成分抑圧	○	△
シンボル間最短移動	○	×
バイアス不要	×	○
デバイスのシンプルさ	×	○
多値信号不要	○	×

3.2.2　多値変調信号の合成

QPSK/4-QAM は光波のもつ 2 つの自由度に対する 2 値変調を組み合わせたものであり，変調器の制御や製作の課題を除けば，送信側で必要となる電気および光信号の制御精度は，基本的には従来の 2 値変調向けと同程度であった。さらなる複雑な変調方式を実現するためには，実数軸成分，虚数軸成分に対して多値の振幅変調を施す必要がある。もっとも直接的は方法は，式 (2.73) で表される QAM において X, Y に多値信号を印加するという方法で，X, Y が $\pm 1, \pm 1/3$ とすると図 2.47 に示すような 16QAM 信号がえられる。この場合，MZ 変調器の光強度が最大となる点以外もシンボルとして利用するために，電気信号の揺らぎ抑圧の効果は限定的となる。また，位相変調器による QPSK の場合と同じく，高速の多値信号を精度良く発生し，光変調器に印加することは容易でない。光変調器がもつわずかなチャープなどの不完全性などが問題とな

ることもありえる。つまり，電子・光の各要素技術に要求される制御精度が高くなるというのが課題である。

2値変調信号から複雑な信号をえる方法として**重畳変調**がある [78]。図 3.20 にその原理を示した。6 dB の振幅差のある 2 つの QPSK 信号を合波すると 16QAM 信号がえられる。この原理を 2 並列 MZ 変調器による QPSK 信号発生に適用した例を図 3.21 に示した。2 並列 MZ 変調器をさらに 2 つ並列にしたも

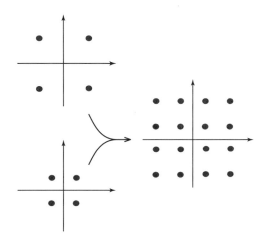

図 3.20 重畳変調による 16QAM

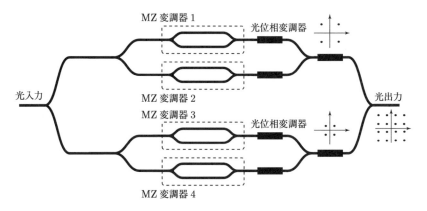

図 3.21 4 並列 MZ 変調器による 16QAM

3.2 多値変調

ので，4 並列 MZ 変調器とよぶ [52, 54]．2 つの QPSK 信号を光回路内で合成して 16QAM をえるもので，各 QPSK 信号は 2 つの BPSK 信号からなるので，合計で 4 つの BPSK 信号から 16QAM 信号が合成されていることになる．2 つの QPSK 信号の間の振幅差は光回路の分岐比や損失の制御，もしくは，BPSK 信号のシンボル位置の制御でえられる．前者の場合には光回路が複雑になるという課題はあるが，MZ 変調器の光強度最大の点をシンボルとすることができるため，電気信号の揺らぎ抑圧の効果が期待できる．後者の場合には光回路はシンプルになるが，上記の揺らぎ抑圧効果がえられない．いずれの場合においても，印加する信号は 2 値信号で従来の要素技術が活用できるメリットがある．図 3.22 は，8 並列 MZ 変調器で 256QAM 信号を発生する構成の例である．各 MZ 変調器に 2 値信号を印加して，256 通りの光波状態を発生させる．ただし，デバイスサイズが大きくなる，光損失が大きくなるなどの問題がある．また，複雑なバイアス制御への対応も課題である．8 並列 MZ 変調器の場合，16 の位相変調器が集積化されており，15 次元の制御が必要となる．最近では高速の多値信号を電気回路で合成する技術も進んでおり，2 並列 MZ 変調器で複雑な信号の発生例も報告されている [51]．また，光回路での合成と電気回路での多値化を組み合わせることで，性能の最適化を図るという考え方も可能である．

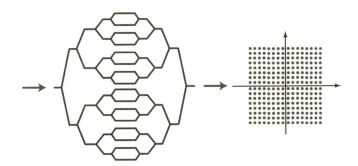

図 3.22　8 並列 MZ 変調器による 256QAM

4
光変調によるサイドバンド発生

　本章では，光位相変調をベースとした各種変調器の動作原理をベッセル関数 (Bessel's functions) による数学的表現を用いて説明する．ベッセル関数は円筒波の波動方程式の解としてもっともよく知られた特殊関数の一つであるが，位相変調信号の表現に非常に有用である．位相変調は波動が三角関数で表されているとすると，その変数をさらに三角関数で表される振動的成分で変動させるということに相当する．表計算ソフトや関数電卓で三角関数の機能を学ぶときに，sin の sin はどのような数値になるのかなど試された経験はお持ちでないであろうか？　ベッセル関数はまさにこのような数学的操作を見通しよく表現するために適したツールである．以下では，ベッセル関数の基本的性質を紹介し，各種の変調器の動作原理，変調信号の特性について解説する．

4.1　ベッセル関数による位相変調の数学的表現

　本節では，変調信号が正弦波信号であるときの位相変調の数学的表現について説明する．光位相変調は正弦関数 (sin)，余弦関数 (cos)，もしくは複素数を変数とする指数関数 (exp) の変数の部分を sin や cos で変化させることに相当し，変調された光信号はベッセル関数で展開される．各成分は入力光のもつ光周波数から変調周波数の整数倍ずれた光周波数をもつ．これらを**サイドバンド** (側帯波または側帯波) とよぶ．以下では，位相変調信号のベッセル関数による表現に加えて，光変調を理解するうえで有用なベッセル関数の性質について紹介する．ベッセル関数の加法定理は，位相変調のもつ加法性を理解するうえで重要である．

4.1.1 ベッセル関数と位相変調

複数の位相変調器から構成される各種変調器について考えるうえで，式 (2.21) と同様に，i 番目の光位相変調器の出力光 R_i を

$$R_i = K_i \, \mathrm{e}^{\mathrm{i}\omega_0 t + \mathrm{i}v_i(t)} \tag{4.1}$$

と表す．ここで，K_i は i 番目の位相変調器の透過率 K_{Li} と入力光振幅 E_{0i} の積，すなわち $K_i = K_{Li}E_{0i}$ である．変調信号 v_i を

$$v_i(t) = A_i \sin(\omega_\mathrm{m} t + \phi_i) + B_i \tag{4.2}$$

で表される正弦波信号であるとすると，出力光は

$$R_i = K_i \mathrm{e}^{\mathrm{i}\omega_0 t} \mathrm{e}^{\mathrm{i}A_i \sin(\omega_\mathrm{m} t + \phi_i)} \mathrm{e}^{\mathrm{i}B_i} \tag{4.3}$$

となる．B_i は変調信号の直流成分に相当する．出力光の初期位相をシフトさせる効果があるが，MZ 変調器のように複数の位相変調器から光出力を合波させる構成の場合，光波間の干渉効果に影響をあたえる．一般に B_i を光変調器のバイアスとよぶが，MZ 変調器の場合，出力光強度は位相差のみに依存するので，位相変調器 i と j から構成される MZ 変調器の場合，バイアスは $B_i - B_j$ をさすことが多い．同様に，3 つ以上の位相変調器からなる光変調器においても各光信号を出力点で加算するときの初期位相が $\mathrm{e}^{\mathrm{i}B_i}$ であたえられ，出力光強度は各位相差のみに依存する．$A_i \sin(\omega_\mathrm{m} t + \phi_i)$ は高速に変化する正弦波成分である．想定している周波数は数 MHz から数十 GHz であり，これを以降，高速で変動する信号成分を，適宜，RF 信号，RF 入力とよぶことにする．

位相変調によるサイドバンドの発生などの非線形的効果は

$$r_i = \mathrm{e}^{\mathrm{i}A_i \sin(\omega_\mathrm{m} t + \phi_i)} \tag{4.4}$$

によって表される．これを実関数で表現すると

$$\mathrm{Re}[r_i] = \cos\left[A_i \sin(\omega_\mathrm{m} t + \phi_i)\right] \tag{4.5}$$

となる．4.1.4 項で詳細は説明するが，$\cos x$ と $\sin x$ の合成関数は

$$\cos(z \sin \theta) = \sum_{k=-\infty}^{\infty} J_k(z) \cos k\theta \tag{4.6}$$

とベッセル関数 (第一種ベッセル関数) $J_n(z)$ で展開することができる．これを

4.1 ベッセル関数による位相変調の数学的表現

用いると,

$$\mathrm{Re}[r_i] = \sum_{n=-\infty}^{\infty} J_n(A_i) \cos(n\omega_\mathrm{m} t + n\phi_i) \tag{4.7}$$

となる。n 番目の成分は，入力光から周波数 $n\omega_\mathrm{m}/2\pi$ だけシフトしたサイドバンド成分の振幅がベッセル関数 $J_n(A_i)$ であたえられることを示している。

4.1.2 ベッセル関数の基本的性質

n 次の**第一種ベッセル関数** $J_n(z)$ は，ベッセルの微分方程式

$$\frac{\mathrm{d}^2 u}{\mathrm{d}z^2} + \frac{1}{z}\frac{\mathrm{d}u}{\mathrm{d}z} + \left(1 - \frac{n^2}{z^2}\right)u = 0 \tag{4.8}$$

の解の一つ

$$J_n(z) = \sum_{m=0}^{\infty} \frac{(-1)^m}{m!(n+m)!}\left(\frac{z}{2}\right)^{n+2m} \tag{4.9}$$

で定義される [79]。第一種ベッセル関数を単に (狭義の) ベッセル関数とよぶことが多い。ただし，n は 0 または正の整数であるとする。次数 n を実数に拡張したベッセル関数の定義も可能であるが，位相変調信号の表現には整数次数の第一種ベッセル関数のみで十分である。負の整数 n に対しては $J_{-n}(z) = (-1)^n J_n(z)$ であるとする。

図 4.1 に，$n = 0, 1, 2, 3, 4$ のときの第一種ベッセル関数 $J_n(z)$ を示した。z は

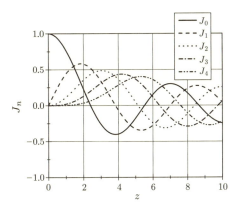

図 4.1 (第一種) ベッセル関数

0 から 10 の実軸上を変化するとした．本書では変調器に印加する変調信号を実関数として表すので，以後，z は実数であるとする．式 (4.9) より z が 0 に近いときには

$$J_n(z) \simeq \frac{1}{n!}\left(\frac{z}{2}\right)^n \tag{4.10}$$

で近似的にかくことができ，

$$J_0(z) \simeq 1 \tag{4.11}$$

$$J_1(z) \simeq \frac{z}{2} \tag{4.12}$$

$$J_2(z) \simeq \frac{z^2}{8} \tag{4.13}$$

$$J_3(z) \simeq \frac{z^3}{48} \tag{4.14}$$

$$J_4(z) \simeq \frac{z^4}{384} \tag{4.15}$$

となる．$J_0(z)$ は $z=0$ で 1 となる偶関数，$J_n(z)\,(n\neq 0)$ は $z=0$ で 0 となる奇関数または偶関数であり，原点付近で z^n に比例する．J_0 に関しては第一項のみの近似式は一定値をあたえるので，$m=0,1$ の 2 つの項を使った近似式

$$J_0(z) = 1 - \frac{z^2}{4} \tag{4.16}$$

が有用である．図 4.2, 4.3, 4.4 にそれぞれ J_0, J_1, J_2 の厳密解と近似式の比較を示した．誤差は近似式から厳密解を引いて，厳密解の値で規格化したものである．X カット LN 基板を使った MZ 変調器によるバランスのとれたプッシュプル動作で，最大振幅の OOK 信号を発生させる場合，各位相変調器での位相変化はピークピーク値で $\pi/2$ となり，式 (4.7) における A_i の変化の範囲は 0 から $0.8 \sim \pi/4$ 程度となる．この範囲での近似誤差は J_0, J_1, J_2 に対してそれぞれ 0.7 %, 8.4 %, 6.3 % であり，これらの近似式を簡易的な計算に用いることが可能である．より大きな変調信号を印加する場合には急速に精度が劣化するので，高次の項を含めた近似式を用いる必要がある．

ベッセルの微分方程式は円筒波の動径方向成分を表すものであり，ベッセル関数 $J_n(z)$ で $|z|$ が大きいときには漸近級数により

$$J_n(z) \simeq \sqrt{\frac{2}{\pi z}} \cos\left(z - \frac{2n+1}{4}\pi\right) \tag{4.17}$$

4.1 ベッセル関数による位相変調の数学的表現

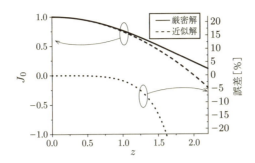

図 4.2　第一種 (0 次) ベッセル関数の厳密解と近似式の比較

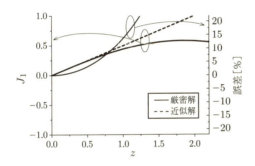

図 4.3　第一種 (1 次) ベッセル関数の厳密解と近似式の比較

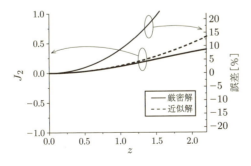

図 4.4　第一種 (2 次) ベッセル関数の厳密解と近似式の比較

で表され [79, 80]，z の平方根に反比例して減衰しながら振動的に変化することがわかる．図 4.5 に z と n を原点付近，正の実数の範囲で変化させたときの $J_n(z)$ がつくる 3 次元曲面を示した．ここで，ガンマ関数 $\Gamma(n+1) = n!$ を用いて階乗を実数に拡張し，式 (4.9) の n が任意の実数に対して定義できるとした．原点付近では，式 (4.10) に従い z^n に比例してなめらかに増加する．そのあと，最大値をとったあとは上記の漸近級数による近似式にそった振動的な振る舞いをする．これは，z が大きくなると次数の高いベッセル関数 $J_n(z)$ も無視できない値をもつようになるが，各成分が均等に絶対値をもつのではなく，ゼロに近い値をとるものと，極大値に近い値をとるものが混在することを意味している．単調増加と振動的な変化の境界は，図 4.5 より $|n - z| \sim 0$ の近辺であることがわかる．

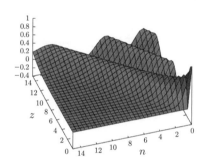

図 4.5 次数 n を連続的に変化させたときのベッセル関数がつくる 3 次元曲面

また，図 4.6 に示した原点で発散する**第二種ベッセル関数** $Y_n(z)$，すなわち

$$Y_n(z) = \lim_{\Omega \to n} \frac{J_n(z) \cos \Omega \pi - J_{-n}(z)}{\sin \Omega \pi} \tag{4.18}$$

もベッセルの微分方程式の解となっている．$Y_n(z)$ は**ノイマン関数**ともよばれる．$|z|$ が大きい場合には

$$Y_n(z) \simeq \sqrt{\frac{2}{\pi z}} \sin\left(z - \frac{2n+1}{4}\pi\right) = J_{n+1}(z) \tag{4.19}$$

で近似的に表すことができる．原点付近では第一種ベッセル関数 $J_n(z)$ が絶対値 1 以下の値でなめらかな変化をするのに対して，第二種ベッセル関数 $Y_n(z)$

4.1 ベッセル関数による位相変調の数学的表現

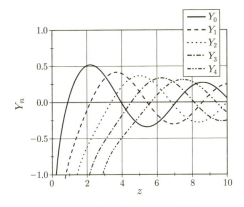

図 4.6　(第二種) ベッセル関数

は発散するという大きな違いがあったが，原点から離れたところでは $J_n(z)$ と $Y_n(z)$ は同様になめらかな振動的な変化をする。式 (4.19) は，$J_n(z)$ と $Y_n(z)$ の振動の位相に $\pi/2$ のずれがあるが，$J_{n+1}(z)$ と $Y_n(z)$ はほぼ一致することを示している。他に，z が純虚数のときのベッセル関数から変形ベッセル関数が，ベッセル関数の次数を $1/2$ ずらしたものから球ベッセル関数が定義される。それぞれ，変形ベッセル微分方程式，球ベッセル微分方程式の解となっている。

4.1.3 ベッセル関数の母関数による定義

応用数学の分野では，ベッセル関数を上記のとおりベッセルの微分方程式の解として定義をするという説明がなされることが多いが，位相変調との関係は必ずしも明確ではない。以下では，ベッセル関数の母関数による定義から位相変調の数学的表現に有用な各種の数式を導出する。

ベッセル関数の**母関数**は

$$e^{\frac{z}{2}(t-t^{-1})} = \sum_{n=0}^{\infty} \left[t^n + (-1)^n t^{-n} \right] J_n(z) \tag{4.20}$$

であたえられる。式 (4.9) のときと同様に，負の整数に対するベッセル関数を $J_{-n}(z) = (-1)^n J_n(z)$ とすると，

$$e^{\frac{z}{2}(t-t^{-1})} = \sum_{n=-\infty}^{\infty} t^n J_n(z) \tag{4.21}$$

となる。この母関数をベッセル関数 $J_n(z)$ を定義とすることもできる。

$$\mathrm{e}^{\frac{z}{2}(t-t^{-1})} = \mathrm{e}^{\frac{zt}{2}}\mathrm{e}^{-\frac{z}{2t}}$$
$$= \left[\sum_{l=0}^{\infty}\left(\frac{zt}{2}\right)^l \frac{1}{l!}\right]\left[\sum_{m=0}^{\infty}\left(\frac{-z}{2t}\right)^m \frac{1}{m!}\right] \quad (4.22)$$

の t^n の係数は $l = m+n$ が成り立つ要素の和

$$\sum_{m=0}^{\infty} \frac{(-1)^m}{m!(n+m)!}\left(\frac{z}{2}\right)^{n+2m} = J_n(z) \quad (4.23)$$

であたえられ，母関数の定義による $J_n(z)$ と式 (4.9) と一致することがわかる。ここで n は非負整数としたが，負の n に対しては，$m = l - n$ が成り立つ要素の和

$$\sum_{l=0}^{\infty} \frac{(-1)^{l-n}}{l!(-n+l)!}\left(\frac{z}{2}\right)^{-n+2l} = (-1)^{-n}\sum_{l=0}^{\infty}\frac{(-1)^l}{l!(-n+l)!}\left(\frac{z}{2}\right)^{-n+2l}$$
$$= (-1)^{-n} J_{-n}(z) \quad (4.24)$$

が t^{-1} の係数となっており，$J_{-n}(z) = (-1)^n J_n(z)$ の関係を用いれば，n を整数全体に拡張できることがわかる。また，母関数において左辺の t を $-t^{-1}$ と置き換えても不変であることは明らかであるので，

$$\mathrm{e}^{\frac{z}{2}(t-t^{-1})} = \sum_{n=-\infty}^{\infty} (-t^{-1})^n J_n(z)$$
$$= \sum_{n=-\infty}^{\infty} (-t^{-n}) J_n(z)$$
$$= \sum_{n=-\infty}^{\infty} t^{-n}(-1)^n J_n(z) \quad (4.25)$$

となり，式 (4.21) と比較すれば，

$$J_{-n}(z) = (-1)^n J_n(z) \quad (4.26)$$

となり，負の整数に対するベッセル関数の定義がえられる。ベッセル関数は n が偶数のときに偶関数，奇数のときに奇関数である。

母関数 (4.21) を z で微分すると

$$\frac{1}{2}(t-t^{-1})\sum_{n=-\infty}^{\infty} t^n J_n(z) = \sum_{n=-\infty}^{\infty} t^n \frac{\mathrm{d}J_n(z)}{\mathrm{d}z} \quad (4.27)$$

となる。t^n の項を係数比較すると

$$J_{n-1}(z) - J_{n+1}(z) = 2\frac{\mathrm{d}J_n(z)}{\mathrm{d}z} \quad (4.28)$$

4.1 ベッセル関数による位相変調の数学的表現　　　　　　　　　　　　　　91

がえられる。同様に母関数 (4.21) を t で微分すると，

$$\frac{z}{2}\left(1+t^{-2}\right)\sum_{n=-\infty}^{\infty}t^{n}J_{n}(z)=\sum_{n=-\infty}^{\infty}nt^{n-1}J_{n}(z) \tag{4.29}$$

となり，t^{n-1} の項を係数比較すると

$$J_{n-1}(z)+J_{n+1}(z)=\frac{2n}{z}J_{n}(z) \tag{4.30}$$

がえられる。式 (4.28) と式 (4.30) の和と差から，次数が 1 だけ異なるベッセル関数の間の漸化式

$$J_{n-1}(z)=\frac{\mathrm{d}}{\mathrm{d}z}J_{n}(z)+\frac{n}{z}J_{n}(z) \tag{4.31}$$

$$J_{n+1}(z)=-\frac{\mathrm{d}}{\mathrm{d}z}J_{n}(z)+\frac{n}{z}J_{n}(z) \tag{4.32}$$

がえられる。式 (4.32) の次数を 1 減らして $(n \to n-1)$，式 (4.31) を代入すると，

$$\begin{aligned}J_{n}(z)&=-\left[J_{n}'(z)+\frac{n}{z}J_{n}(z)\right]'+\frac{n-1}{z}\left[J_{n}'(z)+\frac{n}{z}J_{n}(z)\right]\\&=-J_{n}''(z)+\frac{n}{z^{2}}J_{n}(z)-\frac{n}{z}J_{n}'(z)+\frac{n-1}{z}J_{n}'(z)+\frac{n(n-1)}{z^{2}}J_{n}(z)\\&=-J_{n}''(z)-\frac{1}{z}J_{n}'(z)+\frac{n^{2}}{z^{2}}J_{n}(z)\end{aligned} \tag{4.33}$$

となり，

$$J_{n}''(z)+\frac{1}{z}J_{n}'(z)+\left(1-\frac{n^{2}}{z^{2}}\right)J_{n}(z)=0 \tag{4.34}$$

が成り立つことがわかる。ここで，$J_{n}'(z)=\mathrm{d}J_{n}(z)/\mathrm{d}z$ とした。これは母関数 (4.21) で定義された $J_{n}(z)$ がベッセルの微分方程式 (4.8) の解であることを示している。

4.1.4 三角関数の合成関数のベッセル関数による展開

ベッセル関数の母関数 (4.20) において，$t=\mathrm{e}^{\mathrm{i}\theta}$ とすれば

$$\begin{aligned}\mathrm{e}^{\mathrm{i}z\sin\theta}=\,&J_{0}(z)+2\mathrm{i}J_{1}(z)\sin\theta+2J_{2}(z)\cos 2\theta\\&+2\mathrm{i}J_{3}(z)\sin 3\theta+2J_{4}(z)\cos 4\theta+\cdots\end{aligned} \tag{4.35}$$

となる。実数部と虚数部をとると，

$$\cos(z\sin\theta)=J_{0}(z)+2\sum_{n=1}^{\infty}J_{2n}(z)\cos(2n\theta) \tag{4.36}$$

$$\sin(z\sin\theta) = 2\sum_{n=1}^{\infty} J_{2n+1}(z)\sin\{(2n+1)\theta\} \quad (4.37)$$

がえられる．さらに，θ を $\pi/2 - \theta$ と置き換えると，

$$\cos(z\cos\theta) = J_0(z) + 2\sum_{n=1}^{\infty} (-1)^n J_{2n}(z)\cos(2n\theta) \quad (4.38)$$

$$\sin(z\cos\theta) = 2\sum_{n=1}^{\infty} (-1)^n J_{2n+1}(z)\cos\{(2n+1)\theta\} \quad (4.39)$$

がえられる．ここで，

$$\cos\left[2n\left(\frac{\pi}{2} - \theta\right)\right] = \cos\left[n\pi - 2n\theta\right] = (-1)^n \cos(2n\theta) \quad (4.40)$$

$$\begin{aligned}
\sin\left[(2n+1)\left(\frac{\pi}{2} - \theta\right)\right] &= \sin\left[\frac{\pi}{2} - (2n+1)\theta + n\pi\right] \\
&= (-1)^n \sin\left[\frac{\pi}{2} - (2n+1)\theta\right] \\
&= (-1)^n \cos\left[(2n+1)\theta\right] \quad (4.41)
\end{aligned}$$

を用いた．

　式 (4.36)〜(4.39) は，**ヤコビ・アンガー** (Jacobi-Anger) **展開**とよばれ，三角関数どうしの合成関数 $\cos(z\sin\theta)$, $\sin(z\sin\theta)$, $\cos(z\cos\theta)$, $\sin(z\cos\theta)$ がベッセル関数で展開できることを示している．三角関数の加法定理 $\cos(A+B) = \cos A\cos B - \sin A\sin B$ を用いると

$$\begin{aligned}
\cos(z\sin\theta + \beta) &= \cos\beta\cos(z\sin\theta) - \sin\beta\sin(z\sin\theta) \\
&= \cos\beta\left[J_0(z) + 2\sum_{n=1}^{\infty} J_{2n}(z)\cos(2n\theta)\right] \\
&\quad - \sin\beta\left[2\sum_{n=1}^{\infty} J_{2n+1}(z)\sin\{(2n+1)\theta\}\right] \\
&= J_0(z)\cos\beta + \sum_{n=1}^{\infty} J_{2n}(z)\left\{\cos(\beta + 2n\theta) + \cos(\beta - 2n\theta)\right\} \\
&\quad - \sum_{n=1}^{\infty} J_{2n+1}(z)\left\{-\cos[\beta + (2n+1)\theta] + \cos[\beta - (2n+1)\theta]\right\} \\
&= \sum_{n=-\infty}^{\infty} J_n(z)\cos(\beta + n\theta) \quad (4.42)
\end{aligned}$$

がえられる．ここで，$J_{-n}(z) = (-1)^n J_n(z)$ を用いた．同様にして，$\cos(z\cos\theta)$ を拡張した表現

4.1 ベッセル関数による位相変調の数学的表現

$$\cos(z\cos\theta + \beta) = \cos\beta\cos(z\cos\theta) - \sin\beta\sin(z\cos\theta)$$

$$= \cos\beta \left[J_0(z) + 2\sum_{n=1}^{\infty}(-1)^n J_{2n}(z)\cos(2n\theta) \right]$$

$$- \sin\beta \left[2\sum_{n=1}^{\infty}(-1)^n J_{2n+1}(z)\cos\{(2n+1)\theta\} \right]$$

$$= J_0(z)\cos\beta + \sum_{n=1}^{\infty}(-1)^n J_{2n}(z)\{\cos(\beta+2n\theta) + \cos(\beta-2n\theta)\}$$

$$- \sum_{n=1}^{\infty}(-1)^n J_{2n+1}(z)\{\sin[\beta+(2n+1)\theta] + \sin[\beta-(2n+1)\theta]\}$$
(4.43)

がえられる。加法定理 $\sin(A+B) = \sin A\cos B + \cos A\sin B$ を用いると,

$$\sin(z\sin\theta + \beta) = \cos\beta\sin(z\sin\theta) + \sin\beta\cos(z\sin\theta)$$

$$= \cos\beta \left[2\sum_{n=1}^{\infty} J_{2n+1}(z)\sin\{(2n+1)\theta\} \right]$$

$$+ \sin\beta \left[J_0(z) + 2\sum_{n=1}^{\infty} J_{2n}(z)\cos(2n\theta) \right]$$

$$= J_0(z)\sin\beta + \sum_{n=1}^{\infty} J_{2n}(z)\{\sin(\beta+2n\theta) + \sin(\beta-2n\theta)\}$$

$$+ \sum_{n=1}^{\infty} J_{2n+1}(z)\{\sin[\beta+(2n+1)\theta] - \sin[\beta-(2n+1)\theta]\}$$

$$= \sum_{n=-\infty}^{\infty} J_n(z)\sin(\beta+n\theta)$$
(4.44)

と,

$$\sin(z\cos\theta + \beta) = \cos\beta\sin(z\cos\theta) + \sin\beta\cos(z\cos\theta)$$

$$= \cos\beta \left[2\sum_{n=1}^{\infty}(-1)^n J_{2n+1}(z)\cos\{(2n+1)\theta\} \right]$$

$$+ \sin\beta \left[J_0(z) + 2\sum_{n=1}^{\infty}(-1)^n J_{2n}(z)\cos(2n\theta) \right]$$

$$= J_0(z)\sin\beta + \sum_{n=1}^{\infty}(-1)^n J_{2n}(z)\{\sin[\beta+2n\theta] + \sin[\beta-2n\theta]\}$$

$$+ \sum_{n=1}^{\infty}(-1)^n J_{2n+1}(z)\{\cos[\beta+(2n+1)\theta] + \cos[\beta-(2n+1)\theta]\}$$
(4.45)

がえられる．ここで式 (4.42), (4.44) から，フェーザ表示に対する合成関数の展開

$$\exp\left[\mathrm{i}(z\sin\theta + \beta)\right] = \cos(z\sin\theta + \beta) + \mathrm{i}\sin(z\sin\theta + \beta)$$

$$= \sum_{n=-\infty}^{\infty} J_n(z)\left[\cos(\beta + n\theta) + \mathrm{i}\sin(\beta + n\theta)\right]$$

$$= \sum_{n=-\infty}^{\infty} J_n(z)\exp\left[\mathrm{i}(\beta + n\theta)\right] \qquad (4.46)$$

がえられる．同様に，式 (4.43), (4.45) から

$$\exp\left[\mathrm{i}(z\cos\theta + \beta)\right] = \cos(z\cos\theta + \beta) + \mathrm{i}\sin(z\cos\theta + \beta)$$

$$= J_0(z)[\cos\beta + \mathrm{i}\sin\beta]$$

$$+ \sum_{n=1}^{\infty}\bigg[(-1)^n J_{2n}(z)\Big\{\cos(\beta + 2n\theta) + \mathrm{i}\sin(\beta + 2n\theta)$$

$$+ \cos(\beta - 2n\theta) + \mathrm{i}\sin(\beta - 2n\theta)\Big\}\bigg]$$

$$+ \sum_{n=1}^{\infty}\bigg[(-1)^n J_{2n+1}(z)\Big\{\mathrm{i}\cos\{\beta + (2n+1)\theta\} - \sin\{\beta + (2n+1)\theta\}$$

$$+ \mathrm{i}\cos\{\beta - (2n+1)\theta\} - \sin\{\beta - (2n+1)\theta\}\Big\}\bigg]$$

$$= J_0(z)\mathrm{e}^{\mathrm{i}\beta} + \sum_{n=1}^{\infty}\mathrm{i}^{2n} J_{2n}(z)[\mathrm{e}^{\mathrm{i}[\beta+2n\theta]} + \mathrm{e}^{\mathrm{i}[\beta-2n\theta]}]$$

$$+ \sum_{n=1}^{\infty}\mathrm{i}^{2n+1} J_{2n+1}(z)[\mathrm{e}^{\mathrm{i}[\beta+(2n+1)\theta]} + \mathrm{e}^{\mathrm{i}[\beta-(2n+1)\theta]}]$$

$$= \sum_{n=-\infty}^{\infty} J_n(z)\mathrm{i}^n \exp[\mathrm{i}(\beta + n\theta)] \qquad (4.47)$$

がえられる．ここで，$\mathrm{i}^{-(2n+1)} = -\mathrm{i}^{(2n+1)}$ と $J_{-(2n+1)}(z) = -J_{2n+1}(z)$ を用いた．これは，式 (4.46) において $\theta \to \theta + \pi/2$ の置き換えをして

$$\exp[\mathrm{i}(z\cos\theta + \beta)] = \exp\left[\mathrm{i}\left\{z\sin\left(\theta + \frac{\pi}{2}\right) + \beta\right\}\right]$$

$$= \sum_{n=\infty}^{\infty} J_n(z)\exp\left[\mathrm{i}\left\{n\left(\theta + \frac{\pi}{2}\right) + \beta\right\}\right]$$

$$= \sum_{n=-\infty}^{\infty} J_n(z)\,\mathrm{i}^n \exp[\mathrm{i}(\beta + n\theta)] \qquad (4.48)$$

4.1 ベッセル関数による位相変調の数学的表現

と導くこともできる。これらをまとめると，式 (4.7) であたえられるフェーザ表示の位相変調を展開するために必要な式は

$$e^{i(z\sin\theta+\beta)} = e^{i\beta} \sum_{n=-\infty}^{\infty} J_n(z) e^{in\theta} \tag{4.49}$$

$$e^{i(z\cos\theta+\beta)} = e^{i\beta} \sum_{n=-\infty}^{\infty} J_n(z) i^n e^{in\theta} \tag{4.50}$$

となる。

また，式 (4.26) の両辺に i^{-n} をかけると

$$J_{-n}(z) = (-1)^n J_n(z)$$
$$= (i^2)^n J_n(z) \tag{4.51}$$
$$J_n(z) i^n = J_{-n}(z) i^{-n} \tag{4.52}$$

となるので，

$$\sum_{n=-\infty}^{\infty} J_n(z) i^n e^{in\theta} = \sum_{n=-\infty}^{\infty} J_n(z) i^n e^{-in\theta} \tag{4.53}$$

が成り立つ。

位相変調のフェーザ表示のベッセル関数による展開，式 (4.49)，式 (4.50) は母関数による定義からも，直接的に導ける。オイラーの公式

$$2i\sin\theta = e^{i\theta} - e^{-i\theta} \tag{4.54}$$

$$2\cos\theta = e^{i\theta} + e^{-i\theta} \tag{4.55}$$

を式 (4.35) の右辺に適用すると

$$e^{iz\sin\theta} = J_0(z) + [e^{i\theta} - e^{-i\theta}]J_1(z) + [e^{2i\theta} + e^{-2i\theta}]J_2(z)$$
$$+ [e^{3i\theta} - e^{-3i\theta}]J_3(z) + [e^{4i\theta} + e^{-4i\theta}]J_4(z) + \cdots \tag{4.56}$$

となる。さらに，式 (4.26) より偶数次のベッセル関数は $J_n(z) = J_{-n}(z)$，奇数次のベッセル関数は $J_n(z) = -J_{-n}(z)$ であるので，

$$e^{iz\sin\theta} = \sum_{n=-\infty}^{\infty} J_n(z) e^{in\theta} \tag{4.57}$$

がえられる。これは式 (4.49) と同等のものである。

4.2 位相変調によるサイドバンドの発生

前節で述べたとおり，正弦波信号の位相を正弦波信号で変調することによりえられる位相変調信号はベッセル関数で展開される。これは変調によるサイドバンド発生に関する理論的説明をあたえるもので，変調信号の周波数軸での広がりの根拠となるものである。本節では，位相変調により発生するサイドバンドの性質について説明する。さらに，光変調が光入力に対して線形性を有しており，複数のスペクトル成分に対する位相変調も単色光入力の場合と同様に考えることができることを示す。また，ベッセル関数の加法定理のもつ物理的意味について議論する。縦続された光位相変調器を個々の変調器で発生するサイドバンド成分の重ね合わせとして考えても，ひとまとめの一つの変調器で発生するサイドバンドとしても矛盾がないことを保証する。

4.2.1 位相変調のベッセル関数による展開

式 (4.3) は式 (4.49) を用いると，

$$\begin{aligned}
R_i &= K_i \, \mathrm{e}^{\mathrm{i}\{\omega_0 t + \mathrm{i} A_i \sin(\omega_\mathrm{m} t + \phi_i) + B_i\}} \\
&= K_i \, \mathrm{e}^{\mathrm{i}\omega_0 t} \mathrm{e}^{\mathrm{i} A_i \sin(\omega_\mathrm{m} t + \phi_i)} \mathrm{e}^{\mathrm{i} B_i} \\
&= K_i \, \mathrm{e}^{\mathrm{i}\omega_0 t} \mathrm{e}^{\mathrm{i} B_i} \sum_{n=-\infty}^{\infty} \left[J_n(A_i) \mathrm{e}^{\mathrm{i} n \omega_\mathrm{m} t + \mathrm{i} n \phi_i} \right] \\
&= K_i \sum_{n=-\infty}^{\infty} \left[J_n(A_i) \mathrm{e}^{\mathrm{i}(\omega_0 + n\omega_\mathrm{m})t + \mathrm{i} n \phi_i + \mathrm{i} B_i} \right]
\end{aligned} \quad (4.58)$$

とかくことができる。一定した振幅 K_i と光位相 B_i を略すと

$$r_i = \mathrm{e}^{\mathrm{i} A_i \sin(\omega_\mathrm{m} t + \phi_i)} = \sum_{n=-\infty}^{\infty} \left[J_n(A_i) \mathrm{e}^{\mathrm{i} n \omega_\mathrm{m} t + \mathrm{i} n \phi_i} \right] \quad (4.59)$$

となる。これに入力光 $\mathrm{e}^{\mathrm{i}\omega_0 t}$ にかけたものが，出力光 (変調光) となる。この式は位相変調の数学的表現としてもっとも重要なもので，n 次項は変調によって角周波数が $n\omega_\mathrm{m}$ ずれた成分が発生し，その振幅は $J_n(A_i)$ によってあたえられることを示している。n 次項で表される成分を**サイドバンド** (**側帯波**または**側波帯**) とよぶ。周波数は $(\omega_0 + n\omega_\mathrm{m})/2\pi$ である。0 次項は入力光と同じ周波数をもつので**搬送波成分**とよばれるが，本書では 0 次サイドバンド，0 次側帯波という表記もあわせて用いる。周波数が搬送波より高い成分，すなわち，n が正の整数の次数に対応する成分を**上側波帯**もしくは **USB** (Upper Side-Band)

4.2 位相変調によるサイドバンドの発生

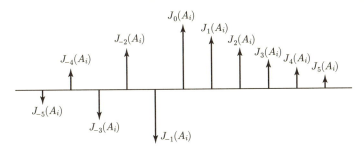

図 4.7 位相変調出力光スペクトラム

とよび，n が負の成分は**下側波帯**もしくは **LSB** (Lower Side-Band) とよぶ。

$\phi_i = 0$ としたときの各サイドバンド成分を図 4.7 に示した。各サイドバンド成分は異なる周波数で振動しているので，互いの位相関係は時刻によって異なる。本書では，特に断りがない場合，絶対位相の議論が必要な場合には 0 次サイドバンド成分の位相を基準にする。相対位相のみが議論の対象となる場合には，0 次成分と 1 次成分の位相差がゼロとなる時刻を基準とする。図 4.7 は，0 次成分の絶対位相がゼロであり，かつ，0 次成分と 1 次成分の位相差がゼロの時刻での各サイドバンド成分の振幅を示している。n が正の USB はすべて同相である。一方，LSB は偶数次成分と奇数次成分で符号が反転している。

さらに，各サイドバンド成分の位相回転について説明する。各成分の位相を横軸 (周波数軸) 中心とした回転で 3 次元的に表す。横軸に関して，右ねじ方向回転を位相が進むことを表すことにする。図 4.8 に 2 次成分まで $(-2, -1, 0, +1, +2)$ のサイドバンド成分を示した。図 4.7 に示した 0 次成分の絶対位相がゼロで，0 次成分と 1 次成分の位相差がゼロの時刻 ($t = 0$ となる基準) の 2 次以下の部分を切り出したものである。入力光の位相，もしくは，出力光成分の全

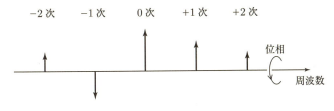

図 4.8 位相変調出力光スペクトラム $(t = 0)$

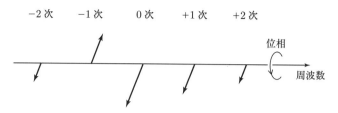

図 4.9　位相変調出力光スペクトラム (光位相を $\pi/2$ シフト)

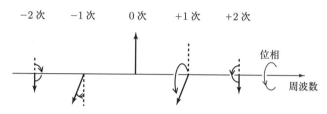

図 4.10　位相変調出力光スペクトラム (変調位相を $\pi/2$ シフト)

体の光位相を $\pi/2$ シフトさせると，図 4.9 に示すようにすべての成分が横軸を中心にして 90 度回転する．各成分の間の相対的な位相関係に変化はない．図 4.10 に，変調信号の位相を $\pi/2$ シフトさせたときの各サイドバンド成分の位相状態を示した．変調信号の角周波数が ω_m であるので $t = \pi/2\omega_\mathrm{m}$，つまり，基準時刻より 1/4 周期あとの位相関係に相当する．+1 次サイドバンド成分はこれらの図の表記では周波数軸を中心に角速度 ω_m で正の方向に回転する．+2 次は回転の角速度 $2\omega_\mathrm{m}$ となる．同様に考えると，+n 次サイドバンド成分は角速度 $n\omega_\mathrm{m}$ で回転する．一方，−1 次成分，−2 次成分はそれぞれ角速度 $\omega_\mathrm{m}, 2\omega_\mathrm{m}$ で逆方向に回転する．角速度の正と負が回転方向を表すとすると，負数も含む整数 n に対して，n 次サイドバンド成分は角速度 $n\omega_\mathrm{m}$ で回転するといえる．ここで，0 次成分が図中で一定となる時間発展 ($\mathrm{e}^{i\omega_0 t}$) を基準ととったが，例えば，−1 次サイドバンド成分を基準とすることもできる．この場合，0 次成分が角速度 ω_m，1 次成分が角速度 $2\omega_\mathrm{m}$ で回転することになる．

　変調信号の振幅 A_i をゼロから増大させていくと，J_0 は式 (4.16) に従って 2 次関数として減少する．$J_1, J_2, J_3, \cdots$ はそれぞれ z, z^2, z^3 にそって増大するが，J_1 は $z = 1.84$ のときに最大値 0.582 をとり，減少に転じ，以降，漸近級数による式 (4.17) で表される振動的な変化となる．$J_1, J_2, J_3, \cdots$ が最大値をあた

4.2 位相変調によるサイドバンドの発生

える z は $dJ_n/dz = 0$ の原点に一番近い解となる。ここで，式 (4.28) より

$$\frac{dJ_n(z)}{dz} = \frac{1}{2}\left(J_{n-1}(z) - J_{n+1}(z)\right) \tag{4.60}$$

特に 0 次成分に対しては

$$\frac{dJ_0(z)}{dz} = -J_1(z) \tag{4.61}$$

が成り立つので，ベッセル関数が計算できる環境であれば，その微係数も容易にえることができる。表 4.1 に，5 次以下のベッセル関数の最大値と最大値をあたえる z，およびゼロ点を与える最小の $z(>0)$ を列記した。MZ 変調器で強度をオンオフするときの位相変化量は 0.8 で，180 度の位相変位を発生させるためには 1.6 程度で，J_1 が最大値をとる 1.84 よりも小さい。一般的な変調器の動作条件では，J_n が振動的な変化をする領域となることは少なく，特に n が 2 以上の高次サイドバンド成分は，z^n に比例して単調増加するという近似が有効である。

表 4.1 ベッセル関数の最大値とゼロ点

	J_0	J_1	J_2	J_3	J_4	J_5
最大値	1	0.582	0.486	0.434	0.400	0.374
最大値を与える z	0	1.84	3.05	4.20	5.32	6.42
ゼロ点を与える z	2.40	3.83	5.14	6.38	7.59	8.77

また，変調信号の初期位相 ϕ_i は光の位相を $n\phi_i$ シフトさせる作用があることがわかる。電気信号として入力される変調信号の波長 (真空中) は 10 GHz で 30 mm であるのに対して，光信号の波長は 1.5 μm である。位相変化を物理的な大きさでみると 20000 倍程度の違いがあるにもかかわらず，電気信号の位相が光位相の変化に直接的につながっているというのは興味深い現象であるといえる。図 2.37 に示したように，電気回路内で位相差を発生させるには，一般に波長と同程度のサイズのデバイスが必要となり，低い周波数成分に対する制御は容易ではない。このような物理的に大きな構造にかかわる変化が，微小な波長をもつ光位相と一対一に対応している。

4.2.2 光位相変調の光入力に対する線形性

EO 効果による光位相変調の特徴は,さらに高次のカー効果などが無視できるときには入力光に対して線形であるという点である.入力振幅を x 倍にすると各サイドバンド成分も比例して x 倍になる.透過率が入力光強度に依存する可飽和吸収などの現象があれば,線形性は劣化するが,LN や LT を用いた変調器では線形性が非常に高いことが知られている.

式 (4.58) において $K_i = K_{Li} E_{0i}$ であるので,位相変調信号 R_i を複素振幅 E_{0i} の関数として

$$R_i(E_{0i}) = E_{0i} K_{Li} \sum_{n=-\infty}^{\infty} \left[J_n(A_i) e^{i(\omega_0 + n\omega_m)t + in\phi_i + iB_i} \right] \quad (4.62)$$

と表すと

$$R_i(aE_a + bE_b) = aR_i(E_a) + bR_i(E_b) \quad (4.63)$$

が成立することは明らかで,入力光振幅 E_{0i} に対して光位相変調が線形性をもっていることがわかる.また,m 個のスペクトル成分をもつ入力光

$$\sum_{k=1}^{m} E_{0ik} e^{i\omega_{0k}t} = \sum_{k=1}^{m} |E_{0ik}| e^{i(\omega_{0k}t + \phi_{0k})} \quad (4.64)$$

に対する位相変調を考える.ここで,E_{0ik} は複素数で,$|E_{0ik}|, \phi_k$ はそれぞれ k 番目のスペクトル成分の振幅と位相である.位相変調信号は式 (4.58) と同様に

$$\begin{aligned}
&\sum_{k=1}^{m} E_{0ik} K_{Li} \exp\left[i\{\omega_{0k}t + A_i \sin(\omega_m t + \phi_i) + B_i\}\right] \\
&= e^{iB_i} K_{Li} \sum_{k=1}^{m} \left[E_{0ik} \sum_{n=-\infty}^{\infty} \left\{ J_n(A_i) e^{i(\omega_{0k} + n\omega_m)t + in\phi_i} \right\} \right] \\
&= E_{0i1} R_{i1} + E_{0i2} R_{i2} + \cdots + E_{0im} R_{im}
\end{aligned} \quad (4.65)$$

であたえられる.ここで,R_{ik} は k 番目のスペクトル成分のみが振幅 1 で,入力されたときの位相変調信号は式 (4.58) より

$$R_{ik} = e^{iB_i} K_{Li} \sum_{n=-\infty}^{\infty} \left\{ J_n(A_i) e^{i(\omega_{0k} + n\omega_m)t + in\phi_i} \right\} \quad (4.66)$$

である.式 (4.65) は,複数のスペクトル成分からなる入力信号に対する位相変調光は各成分のみを入力光としたときの位相変調光の線形結合で表すことができることを示している.光位相変調のもつ線形性についての特徴を図 4.11 に示した.光入力が Q, Q' のときの光出力をそれぞれ R, R' とすると,光入力

4.2 位相変調によるサイドバンドの発生

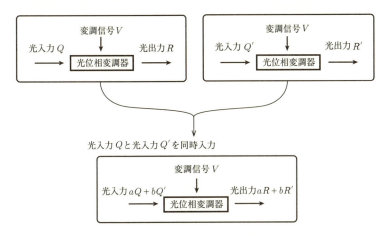

図 4.11 光位相変調の線形性：光入力 Q に対する光出力が R、光入力 Q' に対する光出力が R' のとき、光入力 $Q + Q'$ に対する光出力は $R + R'$ となる。

$aQ + bQ'$ に対する光出力は $aR + bR'$ となる。Q と Q' が同じ光周波数である場合が式 (4.63) に、異なる光周波数成分からなる場合が式 (4.65) に相当する。入力光についてはこのような幅広い線形性が成り立つが、変調信号に対しては線形性が成り立たない。光信号に関してはフェーザ表示を使うのに対して、電気信号である変調信号は実関数表示を用いるのはこのためである。

ここで、入力光があらかじめ情報信号などで変調されていて、有限の帯域幅のスペクトルをもつ場合を考える。入力光はフーリエ変換することで各光周波数成分に分解することが可能である。各光周波数成分に対して上記の線形性が成り立つため、図 4.12 に示すように、光位相変調器の出力は、中心周波数が変調周波数の整数倍ずれたところに入力光のスペクトルがそれぞれ複製された成分をもつことになる。この性質は、光変調によるサイドバンド発生を用いた光周波数変換やその他の信号処理の基本原理となるものである。光位相変調器をベースとした各種の変調器はこの性質を利用して、入力光のもつ波形情報を損なうことなく、中心周波数をシフトさせたり、異なる中心周波数をもつスペクトルの複製を生成する機能を実現している。

図 4.13 に、$e^{i\omega_{01}t}$ と $e^{i\omega_{02}t}$ の 2 つのスペクトラム成分を同時に入力したときの光変調器の出力スペクトラムを模式的に示した。横軸は光信号の角周波数で

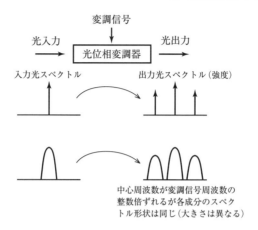

図 4.12 光位相変調の線形性：光入力が有限の帯域幅をもつ場合，各サイドバンド成分も入力スペクトルと相似のスペクトル形状となる。スペクトル図の縦軸は強度，横軸は光周波数である。

ある。位相変調信号は理論上は無限に高い次数のサイドバンド成分を含むが，4.2.1 項に示したとおり，一般に用いられる動作条件では，高次のサイドバンド成分は非常に小さく，測定限界もしくはノイズレベル以下となる。したがって，図 4.13(a) に示すような $e^{i\omega_{01}t}$ と $e^{i\omega_{02}t}$ の光周波数間隔が変調周波数の数倍よりも十分大きい場合には，入力光のそれぞれの成分から生じるサイドバンドは光周波数軸上で離れた部分に存在し，互いに干渉することはない。光変調信号は最終的には光検出器で強度変化を電気信号に変換されるが，光検出器の応答周波数よりも間隔の離れた光周波数成分は電気信号に影響をあたえない。図 4.13(b) では，サイドバンド成分が重なり合う場合を示した。点線で囲んだような光検出器の応答可能周波数よりも近接した成分があると，光強度変化を電気信号に変換したときに，これらの周波数差に相当するうなり（ビート）が発生する。図 4.13(c) は，異なる入力スペクトル成分から発生したサイドバンド成分の光周波数が一致する場合を示した。干渉によるサイドバンド成分間の複素平面上での加算，減算が生じる。独立した 2 つのレーザ光源を入力として用いる場合には，それぞれの光周波数が時間的に揺らぐために図 4.13(c) に示す現象を安定的にえることは難しく，一般には図 4.13(b) に示すような状況となる。一方，光変調で発生されたサイドバンド成分からなる複数スペクトル成分を光

4.2 位相変調によるサイドバンドの発生　　　　　　　　　　　　　　　　　103

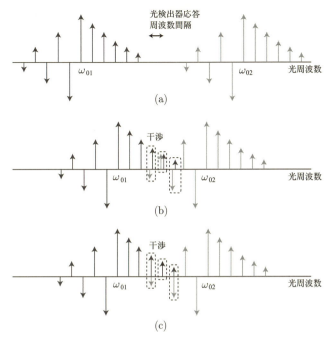

図 4.13　2 つの光周波数成分をもつ光を入力したときの位相変調信号スペクトラム。(a) 光周波数間隔が変調周波数よりも十分大きく，サイドバンド成分に重なりがない場合。(b) サイドバンド成分に重なりがある場合。(c) サイドバンド成分の光周波数が一致する場合。

入力とする場合にはその光周波数間隔が非常に安定しているために，図 4.13(c) に示す干渉の効果をえることが可能である。図 4.14 に示す変調信号を共通とする安定性の高い構成による様々なサイドバンド発生技術が提案されている [24]。

ここで，図 4.14 に示したような，複数のサイドバンド成分をさらに別の変調器の入力とする場合に有用な表記として，ベクトル，行列を用いた表現をあたえる。理論上，位相変調信号は無限に高い次数のサイドバンド成分まで含むが，4.2.1 項で述べたとおり，有限の次数 n 以下の成分のみで，実際の変調信号の解析を高い精度で行うことが可能である。ここで，$-n$ 次から $+n$ 次までの $2n+1$ の成分からなる光信号を議論の対象とする。もちろん，$n \to \infty$ とするとこれまでの厳密な理論解析と一致する。光信号を以下で定義する $2n+1$ 次元のベクトル $\boldsymbol{a}$ で，光位相変調を $2n+1$ 次元の正方行列 $\boldsymbol{M}$ で表現する。ベクト

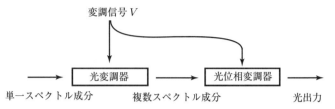

図 4.14 光変調により発生させた複数スペクトル成分を光位相変調器に入力する構成

ル a は各要素 a_k からなるが,サイドバンドの次数とベクトル要素の指標 k を一致させ,見通しをよくするために k を $-n$ から $+n$ までの整数とする.一般には,ベクトルの要素の指標 k を自然数とすることが多いので注意が必要である.同様に,M の各要素 M_{jk} に関しても j,k を $-n$ から $+n$ までの整数とする.各サイドバンド成分の振幅からなるベクトル a,すなわち

$$a \equiv \begin{bmatrix} \vdots \\ a_{-1} \\ a_0 \\ a_{+1} \\ \vdots \end{bmatrix} \tag{4.67}$$

を用いると,入力光は $e^{i\omega_0 t}e(\omega_\mathrm{m}) \cdot a$ で表される.ここで $e(\omega_\mathrm{m})$ は各サイドバンド成分の時間発展を表す要素で

$$e(\omega_\mathrm{m}) \equiv \begin{bmatrix} \vdots \\ e^{-2i\omega_\mathrm{m} t} \\ e^{-i\omega_\mathrm{m} t} \\ 1 \\ e^{i\omega_\mathrm{m} t} \\ e^{2i\omega_\mathrm{m} t} \\ \vdots \end{bmatrix} \tag{4.68}$$

と定義される.このとき,出力光は

$$R_i = e^{iB_i} e^{i\omega_0 t} K_{Li} e(\omega_\mathrm{m}) \cdot M(A_i, \phi_i) a \tag{4.69}$$

であたえられる.$M(A_i, \phi_i)$ は光位相変調の効果を行列形式で表現したもので

4.2 位相変調によるサイドバンドの発生

$$M(A_i, \phi_i) = \begin{bmatrix} \ddots & \vdots & \vdots & \vdots & \iddots \\ \cdots & M_{-1,-1}(A_i,\phi_i) & M_{-1,0}(A_i,\phi_i) & M_{-1,+1}(A_i,\phi_i) & \cdots \\ \cdots & M_{0,-1}(A_i,\phi_i) & M_{0,0}(A_i,\phi_i) & M_{0,+1}(A_i,\phi_i) & \cdots \\ \cdots & M_{+1,-1}(A_i,\phi_i) & M_{+1,0}(A_i,\phi_i) & M_{+1,+1}(A_i,\phi_i) & \cdots \\ \iddots & \vdots & \vdots & \vdots & \ddots \end{bmatrix} \tag{4.70}$$

で定義される。ここで，j 行 k 列成分は

$$M_{jk}(A_i, \phi_i) \equiv J_{j-k}(A_i)\mathrm{e}^{\mathrm{i}(j-k)\phi_i} \tag{4.71}$$

であり，各入力光成分に対する位相変調によるサイドバンド発生を表している。簡単のために，$E_{0i} = 1$ である場合を考え，入力光を表すベクトルが $a_0 = 1$, $a_i = 0\ (i \neq 0)$ とすると，

$$M(A_i, \phi_i)a = \begin{bmatrix} \vdots \\ \mathrm{e}^{-2\mathrm{i}\phi_i} J_{-2}(A_i) \\ \mathrm{e}^{-\mathrm{i}\phi_i} J_{-1}(A_i) \\ J_0(A_i) \\ \mathrm{e}^{\mathrm{i}\phi_i} J_1(A_i) \\ \mathrm{e}^{2\mathrm{i}\phi_i} J_2(A_i) \\ \vdots \end{bmatrix} \tag{4.72}$$

となり，式 (4.69) に代入すると

$$R_i = K_i \sum_{n=-\infty}^{\infty} \left[J_n(A_i) \mathrm{e}^{\mathrm{i}(\omega_0 + n\omega_\mathrm{m})t + \mathrm{i}n\phi_i + \mathrm{i}B_i} \right] \tag{4.73}$$

がえられる。これは式 (4.58) と同一の式であり，行列形式による表現は入力光が単一スペクトル成分 ($E_{0i}\mathrm{e}^{\mathrm{i}\omega_0 t}$) の場合を拡張したものであることがわかる。同様に，$a_k = 1, a_i = 0\ (i \neq k)$ とすると，式 (4.69) は式 (4.58) に $\mathrm{e}^{\mathrm{i}k\omega_\mathrm{m}t}$ をかけたものと一致する。これは，角周波数 $\omega_0 + k\omega_\mathrm{m}t$ のスペクトル成分をもつ入力光に対する光変調信号に相当する。

4.2.3 ベッセル関数の加法定理と位相の加算

ベッセル関数にはいくつかの加法定理が成り立つ。ここでは位相変調に関連の深いベッセル関数の加法定理と，その物理的解釈について議論する。

三角関数の加法定理より $A_i \sin(\omega_\mathrm{m} t + \phi_i) = A_i \sin\omega_\mathrm{m} t \cos\phi_i + A_i \cos\omega_\mathrm{m} t \sin\phi_i$ が成り立つので，式 (4.59) は

$$\mathrm{e}^{\mathrm{i}A_i \sin(\omega_\mathrm{m} t + \phi_i)} = \mathrm{e}^{\mathrm{i}(A_i \sin\omega_\mathrm{m} t \cos\phi_i + A_i \cos\omega_\mathrm{m} t \sin\phi_i)}$$

$$= \mathrm{e}^{\mathrm{i}A_i \sin\omega_\mathrm{m} t \cos\phi_i} \mathrm{e}^{\mathrm{i}A_i \cos\omega_\mathrm{m} t \sin\phi_i} \quad (4.74)$$

とかくことができ，$A_i \sin\omega_\mathrm{m} t \cos\phi_i$ と $A_i \cos\omega_\mathrm{m} t \sin\phi_i$ のそれぞれの位相変調のフェーザ表示の積で表されることがわかる。各要素ごとに式 (4.49) と式 (4.50) を用いて，ベッセル関数による展開をすると，

$$\mathrm{e}^{\mathrm{i}(A_i \sin\omega_\mathrm{m} t \cos\phi_i + A_i \cos\omega_\mathrm{m} t \sin\phi_i)}$$

$$= \sum_{n=-\infty}^{\infty} J_n(A_i \cos\phi_i) \mathrm{e}^{\mathrm{i}n\omega_\mathrm{m} t} \times \sum_{n=-\infty}^{\infty} J_n(A_i \sin\phi_i) \mathrm{i}^n \mathrm{e}^{\mathrm{i}n\omega_\mathrm{m} t}$$

$$= \sum_{n=-\infty}^{\infty} \sum_{s=-\infty}^{\infty} \{J_{n-s}(A_i \cos\phi_i) J_s(A_i \sin\phi_i) \mathrm{e}^{\mathrm{i}n\omega_\mathrm{m} t} \mathrm{i}^s\} \quad (4.75)$$

となる。式 (4.59) の $\mathrm{e}^{\mathrm{i}n\omega_\mathrm{m} t}$ の項と係数比較すると，

$$J_n(A_i) \mathrm{e}^{\mathrm{i}n\phi_i} = \sum_{s=-\infty}^{\infty} \{J_{n-s}(A_i \cos\phi_i) J_s(A_i \sin\phi_i) \mathrm{i}^s\} \quad (4.76)$$

がえられる。これは，ベッセル関数の加法定理の一つで，三角関数の加法定理で2つの振動成分に分離した後に，ベッセル関数で展開しても，矛盾なく同じ結果をあたえることを保証するものである。

さらに，ベッセル関数の母関数 (4.21) において $x \to x+y$ と置き換えると

$$\sum_{n=-\infty}^{\infty} J_n(x+y) t^n = \mathrm{e}^{(1/2)(x+y)(t-1/t)}$$

$$= \mathrm{e}^{(x/2)(t-1/t)} \mathrm{e}^{(y/2)(t-1/t)}$$

$$= \sum_{s=-\infty}^{\infty} J_s(x) t^n \sum_{r=-\infty}^{\infty} J_r(y) t^n \quad (4.77)$$

となる。t^n の係数を比較すれば

$$J_n(x+y) = \sum_{s=-\infty}^{\infty} J_s(x) J_{n-s}(y) \quad (4.78)$$

がえられる。これは，変調信号を $(x+y)\sin\omega_\mathrm{m} t$ としたとき，位相変化の振幅

4.2 位相変調によるサイドバンドの発生

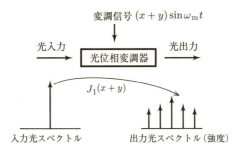

図 4.15 $(x+y)\sin\omega_\mathrm{m} t$ による光位相変調で発生するサイドバンド

$x+y$ をまとめて展開しても，x と y に対して展開してから積をとっても，結果が同じであることを意味する関係式である．図 4.15 は，位相変化の変動 (ゼロピーク値での) $x+y$ を一度に 1 つの光変調器で入力光にあたえる，すなわち，変調信号を $(x+y)\sin\omega_\mathrm{m} t$ としてサイドバンドを発生させる構成である．この図では簡単のために，各サイドバンド成分の符号関係は無視して，大きさだけを概念図として示している．1 次サイドバンドの大きさは $J_1(x+y)$ に比例する．一方，図 4.16 で，変調信号 $y\sin\omega_\mathrm{m} t$ で光位相変調をした後に，さらに別の変調器で $x\sin\omega_\mathrm{m} t$ の位相変化を追加するという構成を示す．最終的な光出力に含まれる 1 次サイドバンドは，例えば，1 回目の変調で -1 次となった成分を入力とした 2 回目の変調での $+2$ 次成分や，1 回目の変調で $+1$ 次成分となったものが 2 回目の変調では 0 次成分，つまり，光周波数変化なしで出力されるものなどの和から成り立つ．前者は $J_2(x)J_{-1}(y)$ に，後者は $J_0(x)J_1(y)$

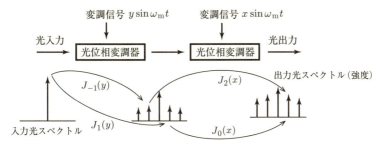

図 4.16 $y\sin\omega_\mathrm{m} t$ と $x\sin\omega_\mathrm{m} t$ による光位相変調を縦続的に加えたときのサイドバンド発生過程

に比例する. 一般には, 1回目の変調での $n-s$ 次サイドバンド成分から, 2回目の変調の s 次サイドバンドとして生成される成分が n 次サイドバンドに寄与する. この成分の振幅は $J_s(x)J_{n-s}(y)$ であり, 1回目の変調後の次数 s に関して総和をとると, 出力としてえられる n 次サイドバンド成分の振幅がえられるというのが, 式 (4.78) のもつ物理的意味である.

ここで, 式 (4.70) で定義される位相変調の行列形式表現 M, すなわち

$$M(u,0) = \begin{bmatrix} \ddots & \vdots & \vdots & \vdots & \iddots \\ \cdots & J_0(u) & J_{-1}(u) & J_{-2}(u) & \cdots \\ \cdots & J_1(u) & J_0(u) & J_{-1}(u) & \cdots \\ \cdots & J_2(u) & J_1(u) & J_0(u) & \cdots \\ \iddots & \vdots & \vdots & \vdots & \ddots \end{bmatrix} \quad (4.79)$$

に関しても加法定理が成り立つことを示す. 変調信号の位相 $\phi_i = 0$ として, 式 (4.78) の物理的意味を議論したときと同様に, 縦続的に光位相変調を加えた場合のサイドバンド発生過程を考えるために, 2つの行列 $M(x,0)$ と $M(y,0)$ の積の性質を調べる.

$M(x,0)M(y,0) =$

$$\begin{bmatrix} \ddots & \vdots & \vdots & \vdots & \iddots \\ \cdots & J_0(x) & J_{-1}(x) & J_{-2}(x) & \cdots \\ \cdots & J_1(x) & J_0(x) & J_{-1}(x) & \cdots \\ \cdots & J_2(x) & J_1(x) & J_0(x) & \cdots \\ \iddots & \vdots & \vdots & \vdots & \ddots \end{bmatrix} \begin{bmatrix} \ddots & \vdots & \vdots & \vdots & \iddots \\ \cdots & J_0(y) & J_{-1}(y) & J_{-2}(y) & \cdots \\ \cdots & J_1(y) & J_0(y) & J_{-1}(y) & \cdots \\ \cdots & J_2(y) & J_1(y) & J_0(y) & \cdots \\ \iddots & \vdots & \vdots & \vdots & \ddots \end{bmatrix}$$

$$(4.80)$$

に対して式 (4.78) を用いると

$$M(x,0)M(y,0) = \begin{bmatrix} \ddots & \vdots & \vdots & \vdots & \iddots \\ \cdots & J_0(x+y) & J_{-1}(x+y) & J_{-2}(x+y) & \cdots \\ \cdots & J_1(x+y) & J_0(x+y) & J_{-1}(x+y) & \cdots \\ \cdots & J_2(x+y) & J_1(x+y) & J_0(x+y) & \cdots \\ \iddots & \vdots & \vdots & \vdots & \ddots \end{bmatrix}$$

$$(4.81)$$

4.2 位相変調によるサイドバンドの発生

がえられる。これは

$$M(x+y, 0) = M(x, 0)M(y, 0) \tag{4.82}$$

が成立することを示している。こちらも位相変化量 $(x+y)\sin\omega_\mathrm{m}t$ に相当する光変調は，位相変化 $y\sin\omega_\mathrm{m}t$ を受けた後に位相変化 $x\sin\omega_\mathrm{m}t$ が加わったと考えた場合と同じ結果をあたえるということを意味している。同様の議論を繰り返すと，以下の関係式がえられる。

$$x = \sum_{k=1}^{n} \Delta x_k \tag{4.83}$$

を満たす $\Delta x_1, \Delta x_2, \cdots, \Delta x_n$ に対して，

$$M(x, 0) = M(\Delta x_1, 0)M(\Delta x_2, 0)\cdots M(\Delta x_n, 0) \tag{4.84}$$

が成り立つ。これは位相変化を $\Delta x_1 \sin\omega_\mathrm{m}t, \Delta x_2 \sin\omega_\mathrm{m}t, \cdots, \Delta x_n \sin\omega_\mathrm{m}t$ に分割して考えても，一度に $x\sin\omega_\mathrm{m}t$ の位相変化があるとしても同じ結果がえられることを意味する。

これまでの議論では，縦続する光変調の間での時間遅れに関しては考慮していない。変調信号の波長に対して十分小さいデバイス内での光位相変調をさらに分割して考える際には上記の手法が適用可能であるが，複数の個別の光変調器による位相変調の加算やサイズが数 cm を超えるデバイス内の変調プロセスの解析には，光波や変調信号の伝搬遅延を考慮に入れた議論が不可欠となる。図 4.17 に，連続する n 回の位相変調の過程を示した。各過程間 ($k+1$ 番目と k 番目) での光信号の遅延を Δt_k，変調信号の遅延を $\Delta t'_k$ とする。光信号は各過程で変調信号 $\Delta x_k \sin\omega_\mathrm{m}t$ による位相変調を受ける。ただし，変調信号は k 番目の変調過程までの遅延の総和 $\omega_\mathrm{m}(\Delta t'_1 + \Delta t'_2 + \cdots + \Delta t'_{k-1})$ による位相遅れがある。

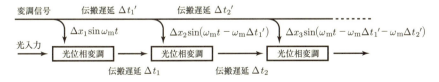

図 4.17　伝送遅延の影響を考慮に入れた縦続する光変調過程

縦続する光位相変調によるサイドバンド発生は

$$G = T(-\Delta t_n)M(\Delta x_n, -\omega_\mathrm{m}(\Delta t'_1 + \omega_\mathrm{m}\Delta t'_2 + \cdots + \Delta t'_n)) \times \cdots$$
$$\times T(-\Delta t_3)M(\Delta x_3, -\omega_\mathrm{m}(\Delta t'_1 + \Delta t'_2))$$
$$\times T(-\Delta t_2)M(\Delta x_2, -\omega_\mathrm{m}\Delta t'_1)T(-\Delta t_1)M(\Delta x_1, 0) \quad (4.85)$$

であたえられる。ここで，行列 $M(x, \phi)$ は $x\sin(\omega_\mathrm{m} t + \phi)$ による光位相変調の効果を，行列 $T(t)$ は

$$T(t) \equiv \begin{bmatrix} \ddots & \vdots & \vdots & \vdots & \vdots & \vdots & \iddots \\ \cdots & e^{i(\omega_0 - 2\omega_\mathrm{m})t} & 0 & 0 & 0 & 0 & \cdots \\ \cdots & 0 & e^{i(\omega_0 - \omega_\mathrm{m})t} & 0 & 0 & 0 & \cdots \\ \cdots & 0 & 0 & 1 & 0 & 0 & \cdots \\ \cdots & 0 & 0 & 0 & e^{i(\omega_0 + \omega_\mathrm{m})t} & 0 & \cdots \\ \cdots & 0 & 0 & 0 & 0 & e^{i(\omega_0 + 2\omega_\mathrm{m})t} & \cdots \\ \iddots & \vdots & \vdots & \vdots & \vdots & \vdots & \ddots \end{bmatrix}$$

$$= e^{i\omega_0 t}\begin{bmatrix} \ddots & \vdots & \vdots & \vdots & \vdots & \vdots & \iddots \\ \cdots & e^{-2i\omega_\mathrm{m}t} & 0 & 0 & 0 & 0 & \cdots \\ \cdots & 0 & e^{-i\omega_\mathrm{m}t} & 0 & 0 & 0 & \cdots \\ \cdots & 0 & 0 & 1 & 0 & 0 & \cdots \\ \cdots & 0 & 0 & 0 & e^{i\omega_\mathrm{m}t} & 0 & \cdots \\ \cdots & 0 & 0 & 0 & 0 & e^{2i\omega_\mathrm{m}t} & \cdots \\ \iddots & \vdots & \vdots & \vdots & \vdots & \vdots & \ddots \end{bmatrix} \quad (4.86)$$

で定義され，光信号の時間変化 t による各サイドバンド成分の位相変化をあたえる。伝搬遅延 Δt による位相変化 $T(-\Delta t)$ の j 行 k 列の成分は

$$T_{jk}(-\Delta t) = e^{-i\omega_0 \Delta t}\delta_{jk}e^{-ik\omega_\mathrm{m}\Delta t} \quad (4.87)$$

である。ここで δ_{jk} はクロネッカーのデルタ：

$$\delta_{jk} = \begin{cases} 1 & (j = k) \\ 0 & (j \neq k) \end{cases} \quad (4.88)$$

である。$M(\Delta x_1, 0)$ の j 行 k 列の成分は，

$$M_{jk}(\Delta x_1, 0) \equiv J_{j-k}(\Delta x_1) \quad (4.89)$$

4.2 位相変調によるサイドバンドの発生

$M(\Delta x_2, -\omega_{\mathrm{m}}\Delta t_1')$ の j 行 k 列の成分は,

$$M_{jk}(\Delta x_2, -\omega_{\mathrm{m}}\Delta t_1') \equiv J_{j-k}(\Delta x_2) \mathrm{e}^{-\mathrm{i}(j-k)\omega_{\mathrm{m}}\Delta t_1'} \tag{4.90}$$

$M(\Delta x_2, -\omega_{\mathrm{m}}\Delta t_1')T(-\Delta t_1)$ の j 行 k 列の成分は,

$$\sum_{s=-n}^{n} J_{j-s}(\Delta x_2)\,\mathrm{e}^{-\mathrm{i}(j-s)\omega_{\mathrm{m}}\Delta t_1'} \mathrm{e}^{-\mathrm{i}\omega_0 \Delta t_1} \delta_{sk} \mathrm{e}^{-\mathrm{i}k\omega_{\mathrm{m}}\Delta t_1}$$
$$= \mathrm{e}^{-\mathrm{i}\omega_0 \Delta t_1} J_{j-k}(\Delta x_2)\,\mathrm{e}^{-\mathrm{i}j\omega_{\mathrm{m}}\Delta t_1'} \mathrm{e}^{\mathrm{i}k\omega_{\mathrm{m}}(\Delta t_1' - \Delta t_1)} \tag{4.91}$$

となる。ここで,変調信号と光信号の伝搬遅延が等しい,すなわち,$\Delta t_1 = \Delta t_1'$ であるとすると,

$$\mathrm{e}^{-\mathrm{i}\omega_0 \Delta t_1} \mathrm{e}^{-\mathrm{i}j\omega_{\mathrm{m}}\Delta t_1} J_{j-k}(\Delta x_2)\,\mathrm{e}^{\mathrm{i}j\omega_{\mathrm{m}}\Delta t_1}$$
$$= \sum_{s=-n}^{n} \mathrm{e}^{-\mathrm{i}\omega_0 \Delta t_1} \delta_{js} \mathrm{e}^{-\mathrm{i}s\omega_{\mathrm{m}}\Delta t_1} J_{j-k}(\Delta x_2) \tag{4.92}$$

となり,$T(-\Delta t_1)M(\Delta x_2, 0)$ の j 行 k 列の成分と一致することがわかる。よって,変調信号と光信号の伝搬遅延が等しい場合,

$$M(\Delta x_2, -\omega_{\mathrm{m}}\Delta t_1)T(-\Delta t_1) = T(-\Delta t_1)M(\Delta x_2, 0) \tag{4.93}$$

が成り立つことがわかる。よって,

$$\begin{aligned}
G &= T(-\Delta t_n)M(\Delta x_n, -\omega_{\mathrm{m}}(\Delta t_1' + \Delta t_2' + \cdots + \Delta t_n')) \times \cdots \\
&\quad \times T(-\Delta t_3)M(\Delta x_3, -\omega_{\mathrm{m}}(\Delta t_1' + \Delta t_2')) \\
&\quad \times T(-\Delta t_2)M(\Delta x_2, -\omega_{\mathrm{m}}\Delta t_1')T(-\Delta t_1)M(\Delta x_1, 0) \\
&= T(-\Delta t_n)M(\Delta x_n, -\omega_{\mathrm{m}}(\Delta t_1' + \Delta t_2' + \cdots + \Delta t_n')) \times \cdots \\
&\quad \times T(-\Delta t_3)M(\Delta x_3, -\omega_{\mathrm{m}}(\Delta t_1' + \Delta t_2')) \\
&\quad \times T(-\Delta t_2)T(-\Delta t_1)M(\Delta x_2, 0)M(\Delta x_1, 0) \\
&= T(-\Delta t_n)M(\Delta x_n, -\omega_{\mathrm{m}}(\Delta t_1' + \Delta t_2' + \cdots + \Delta t_n')) \times \cdots \\
&\quad \times T(-\Delta t_3)M(\Delta x_3, -\omega_{\mathrm{m}}(\Delta t_1' + \Delta t_2')) \\
&\quad \times T(-(\Delta t_1 + \Delta t_2))M(\Delta x_2 + \Delta x_1, 0)
\end{aligned} \tag{4.94}$$

がえられる。ここで,式 (4.82) と $T(t_1)T(t_1) = T(t_1 + t_2)$ を用いた。同様に $\Delta t_2 = \Delta t_2'$ とすると

$$M(\Delta x_3, -\omega_{\mathrm{m}}(\Delta t_1' + \Delta t_2'))T(-(\Delta t_1 + \Delta t_2))$$
$$= T(-(\Delta t_1 + \Delta t_2))M(\Delta x_3, -\omega_{\mathrm{m}}(\Delta t_1' + \Delta t_2')) \tag{4.95}$$

がえられ，

$$G = T(-\Delta t_n)M(\Delta x_n, -\omega_\mathrm{m}(\Delta t_1' + \Delta t_2' + \cdots + \Delta t_n')) \times \cdots$$
$$\times T(-(\Delta t_1 + \Delta t_2 + \Delta t_3))M(\Delta x_3 + \Delta x_2 + \Delta x_1, 0) \quad (4.96)$$

となる．この操作を繰り返すと

$$G = T(-(\Delta t_1 + \Delta t_2 + \cdots + \Delta t_n))M(\Delta x_n + \cdots + \Delta x_2 + \Delta x_1, 0) \quad (4.97)$$

がえられる．ここで，$\Delta t = \Delta t_1 + \Delta t_2 + \cdots + \Delta t_n$ とすると，

$$G = T(-\Delta t)M(x) \quad (4.98)$$

となる．これは，変調信号，光信号の伝搬遅延が等しい場合には，$x\sin\omega_\mathrm{m}t$ による光変調を多数の微少な振幅に分割して多数の光変調過程の縦続であるとした場合と，一度に $x\sin\omega_\mathrm{m}t$ による1回の光変調の過程であるとした場合で同じ結果がえられることを示している．光変調デバイス内での伝搬遅延や信号の減衰が無視できない場合，デバイスを微小なサイズに分割して，上記の行列形式で解析することが可能である．各部分で光信号と変調信号の伝搬遅延が等しいことが，2.2.5項で述べた効率的な光位相変調をえるための進行波型光変調器における速度整合条件に相当している．変調信号と光信号の伝搬速度が等しいと伝搬遅延差がゼロとなり，上記の議論のとおり，各部での光位相変化量がロスなく加算されていく．ここで，行列 M は変調信号 $\sin\omega_\mathrm{m}t$ の位相のみに依存するのに対して，T の遅延は $2n+1$ 次元のベクトルで表されるサイドバンド成分全体に対するものである．変調信号の伝搬遅延は位相遅延であり伝搬距離を位相速度で割ったものであるのに対して，光信号に対しては光導波路中での群遅延を求める必要がある．よって，速度整合は変調信号の位相速度と光信号の群速度を一致させることを意味していることがわかる．広く用いられている弱導波構造の光導波路や CPW 電極などは分散が小さく，位相速度，群速度の区別なしでも，比較的正確な変調効率などの特性がえられるが，分散の大きい導波路を用いるときには，T の各要素に分散による位相遅延のずれの効果を含める必要がある．

4.2.4 各サイドバンド成分の基本的性質

ここでは，各サイドバンド成分のもつ基本的性質とその物理的意味について考察する．以下では，導波路自体のもつ損失や光位相ずれの影響を差し引いて

4.2 位相変調によるサイドバンドの発生

考える.つまり,変調信号の振幅がゼロの無変調時の光出力の振幅・位相などが入力光のそれと等しいとする.変調器に印加する正弦波信号の振幅を z とすると,0次サイドバンド成分 (搬送波) の大きさは $J_0(z)$ となる.式 (4.16) に示したように,$J_0(z)$ は $z \sim 0$ で z の減少関数であり,$J_0(0) = 1$ という性質がある.一方,$n \neq 0$ の他のサイドバンド成分では $J_n(0) = 0$ であり,増大関数である.このように z が大きくない ($|z| < 2$) 範囲では,0次サイドバンド成分とその他の成分の振る舞いが大きく異なる.

$z = 0$ は無変調状態に相当する.このとき,正弦波信号がもつ周波数の整数倍ずれた成分 (n が 1 以上のサイドバンド成分) は発生しない.よって,0次成分の振幅が 1 で他の成分は 0 となる.これが,$J_0(0) = 1$ および $J_n(0) = 0$ の物理的意味である.

z を増加させると1次,2次のサイドバンド成分が生じるが,これらは入力光,すなわち,0次成分から変調の効果で発生したものである.0次成分はエネルギーの一部が他の次数のサイドバンド成分へ変換されるためその強度が減少する.これが,$J_0(z)$ が減少関数であることの物理的解釈となる.

z の増大とともに $J_1(z)$ は増大するが,表 4.1 に示したとおり,$z = 1.84$ で $J_1(z)$ は最大値をとり,それ以降は振動的に変動する.これは,変調信号の大きさが増大するとともに 0 次成分から 1 次成分に変換される割合が増加するが,それとともに 1 次成分からさらに高次の成分 (0 次へもどる成分もある) へさらに変換される成分も増加する.これらが拮抗して最大となるのが上記の状態であると解釈できる.$J_0(z)$ は $z = 2.40$ でゼロとなり,すべてのエネルギーが他のサイドバンド成分へ変換されるが,さらに変調信号の大きさを増大させると,$J_0(z)$ は増加に転じる.これは,他のサイドバンド成分へ散逸したエネルギーが変調の作用で 0 次成分に再び変換される効果を示していると解することができる.z が大きい範囲では,$J_n(z)$ は式 (4.17) に示すように減衰しながら振動的に変化する.これは,変調信号の振幅が大きくなるに従い,より多くのサイドバンド成分にエネルギーが広がるため,個々のサイドバンド成分のエネルギーが平均的に小さくなるということと,上記の「他の成分から変換」と「他の成分への変換」のバランスで大きさが増減していると考えることができる.

4.2.3 項で議論したとおり,1 つの変調器を複数の縦続された変調器に分解しても,ひとまとめにしても同じ結論がえられる.図 4.18 に簡単のため 2 つに分

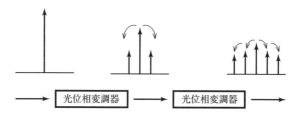

図 4.18 縦続する光位相変調によるサイドバンド成分の生成

割し，0次，+1次，−1次の3つの成分の発生を縦続した場合を示した．一段目の位相変調で0次成分から±1次成分が生成される．二段目で+1次成分から+2次成分がえられる．引き続き，0次成分から+1次成分の生成がある．同様に，−2次成分が発生する．このように，位相変調を繰り返すと様々なサイドバンド成分へ光エネルギーが散逸する．各種の変調器の基本原理が光位相変調をベースとしており，逆に損失なしで特定の周波数成分にエネルギーを集中させるのは一般には困難である．2.3.1項で述べたとおり，光波の分岐は容易であるのに対して，合波を損失なしで実現するのは困難である．空間的に広がるをもたせる，いい換えると，散逸させるのは容易であるが，空間的に広がっているものを逆に集中させるためには様々な工夫が必要である．正弦波による光位相変調は周波数軸で光エネルギーを拡散させる役割をもっているので，光分岐回路とアナロジーが成り立つといえる．

4.3 マッハツェンダー変調器によるサイドバンドの発生

本節では，2つの並列した位相変調器からなる MZ 変調器に正弦波信号を変調信号として入力した場合の出力光信号について説明する．各位相変調器で発生するサイドバンドは4.1節で述べたとおり，ベッセル関数で表すことが可能である．各位相変調器の出力を加算することで，MZ 変調器の出力を求めることができる．加算される際の各サイドバンド成分の位相関係により，その強度が大きく変化する．この位相関係は，変調信号の位相と各位相変調器間の光位相差である MZ 変調器のバイアス条件に大きく依存する．以下では，3つ以上の位相変調器が並列に接続された，より複雑な変調器も対象にした並列の位相変調器の出力に対する数学的表現をあたえる．理想的なプッシュプル動作から

4.3 マッハツェンダー変調器によるサイドバンドの発生　　　　　　　　　　　　115

のずれを表す固有チャープパラメータ α_0 や，MZ 干渉計のアンバランスさを表す消光比などの影響も含めて出力光のもつ性質について解説する。

4.3.1 並列に接続された位相変調器

MZ 変調器を構成する並列した 2 つの光位相変調器に正弦波信号を加えた場合を考える。2.3.6 項で述べたように，理想的な振幅変調をえるには 2 つの位相変調器で逆相，つまり互いに符号が反転した振幅の等しい正弦波による位相変調を実現する必要がある。実際には駆動回路や変調器内部で生じる振幅，位相のずれを考慮に入れる必要がある。変調信号の各周波数を ω_m として，A_1, A_2 を各位相変調器で生じる正弦波による位相変化の大きさ，ϕ_1, ϕ_2 をそれぞれに正弦波の位相とすると，式 (2.30) における各位相変調器での光位相の変化を

$$v_1(t) = A_1 \sin(\omega_\mathrm{m} t + \phi_1) + B_1 \tag{4.99}$$

$$v_2(t) = A_2 \sin(\omega_\mathrm{m} t + \phi_2) + B_2 \tag{4.100}$$

で表すことができる。

透過率 K_1, K_2 とすると，

$$R = \mathrm{e}^{\mathrm{i}\omega_0 t} \left[K_1 \mathrm{e}^{\mathrm{i}\{A_1 \sin(\omega_\mathrm{m} t + \phi_1) + B_1\}} + K_2 \mathrm{e}^{\mathrm{i}\{A_2 \sin(\omega_\mathrm{m} t + \phi_2) + B_2\}} \right] \tag{4.101}$$

となる。ここで入力光の振幅 $E_0 = 1$ とした。2.3.1 項で述べたとおり，MZ 構造が理想的で，光学材料，導波構造に損失がない場合，透過率 $K_1, K_2 = 1/2$ である。式 (4.69) の行列表記を用いると

$$R = \mathrm{e}^{\mathrm{i}\omega_0 t} \boldsymbol{e}(\omega_\mathrm{m}) \cdot \left[\mathrm{e}^{\mathrm{i}B_1} K_1 \boldsymbol{M}(A_1, \phi_1) + \mathrm{e}^{\mathrm{i}B_2} K_2 \boldsymbol{M}(A_2, \phi_2) \right] \boldsymbol{a}_0 \tag{4.102}$$

とかける。ここで入力光を表す $\boldsymbol{a}_0$ は

$$\boldsymbol{a}_0 \equiv \begin{bmatrix} \vdots \\ 0 \\ 0 \\ 1 \\ 0 \\ 0 \\ \vdots \end{bmatrix} \tag{4.103}$$

で表される単色光入力とした。

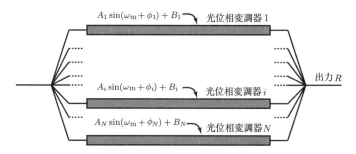

図 4.19 複数の並列位相変調器からなる構成

MZ 変調器は 2 つの並列の光位相変調器からなるが，図 4.19 に示すような，さらに多数の光位相変調器からなる構成を考えることができる．並列数を N とすると，出力光は

$$R = e^{i\omega_0 t}\bm{e}(\omega_{\mathrm{m}}) \cdot \sum_{i=1}^{N} e^{iB_i} K_i \bm{M}(A_i, \phi_i) \bm{a}_0 \tag{4.104}$$

であたえられる．理想的な分岐，合波で，損失がないとすると，各位相変調器からのサイドバンド成分は出力側で $1/N$ となるので，$K_i = 1/N$ が成り立つ．実際の変調器を解析する場合，理想的な変調器からのずれを示す $\widetilde{K}_i \equiv NK_i$ による

$$R = \frac{1}{N} e^{i\omega_0 t}\bm{e}(\omega_{\mathrm{m}}) \cdot \sum_{i=1}^{N} e^{iB_i} \widetilde{K}_i \bm{M}(A_i, \phi_i) \bm{a}_0 \tag{4.105}$$

の表記で，見通しよく議論できる．2 つの位相変調器からなる MZ 変調器の場合，$n = 2$ で $\widetilde{K}_1 = 2K_1$，$\widetilde{K}_2 = 2K_2$ で，無損失かつ理想的な分岐・合波の場合に $\widetilde{K}_1 = \widetilde{K}_2 = 1$ となる．

4.3.2 マッハツェンダー変調器の出力の数学的表記

MZ 変調器では，2 つの位相変調器でえられた光信号が加算される際の光位相関係により，出力光に含まれる各サイドバンド成分の振幅が大きく変化する．2 つの光位相変調器の間の光路差であるバイアス条件により，その動作が大きく変わることを意味している．式 (4.101) において，B_1 と B_2 は各位相変調器での直流的な光位相変化を表しており，

$$\Delta B \equiv \frac{B_1 - B_2}{2} \tag{4.106}$$

4.3 マッハツェンダー変調器によるサイドバンドの発生

が 2.3.3 項で議論した MZ 変調器のバイアスをあたえる。$2\Delta B$ が 2 つの位相変調器間の直流的な光位相差であり，$2\Delta B = 0, \pm 2\pi, \pm 4\pi, \cdots$ はフルバイアス，$2\Delta B = \pm\pi, \pm 3\pi, \cdots$ はヌルバイアス，$2\Delta B = \pm\pi/2, \pm 3\pi/2, \cdots$ は直交バイアスにそれぞれ相当する。一方，A_1 と A_2 は変調信号の変動成分，つまり交流成分の振幅を表す。

$$B = \frac{B_1 + B_2}{2} \tag{4.107}$$

は，変調器出力のすべての成分に平均的に光位相を変化させる作用をもつが，2.5 節で説明したとおり，システム全体の性能や機能に影響をあたえない要素である。

固有チャープパラメータ α_0 は 2.3.6 項で述べたとおり，変調器内部の構造や変調信号の駆動回路の構成に依存する。式 (2.47) より，固有チャープパラメータ α_0 と A_1, A_2 の間には

$$\alpha_0 = \frac{A_1 + A_2}{A_1 - A_2} \tag{4.108}$$

の関係が成り立ち，下記の α_A により

$$A_1 = A + \alpha_\mathrm{A}, \quad A_2 = -A + \alpha_\mathrm{A} \tag{4.109}$$

$$\alpha_\mathrm{A} \equiv A\alpha_0 \tag{4.110}$$

とかくことができる。また，

$$A_2 = -A_1 \tag{4.111}$$

のときにバランスのとれたプッシュプル動作がえられ，$\alpha_0 = 0$ となる。

ここで，位相変化の直流成分 B_1, B_2 と α_0 の関係については考慮に入れなかった。図 2.40 に示すバイアス制御のための直流電圧とサイドバンド発生のための高速の変動成分とを共通の電極を用いて印加する場合，位相変化の直流成分 B_1, B_2 と変動成分 A_1, A_2 の比を外部の回路から任意に調整することは困難である。一方，図 2.41 に示す各光位相変調器がバイアス制御のための電極を独立にもつ構成の場合には B_1, B_2 を任意に制御できる。出力光全体の絶対光位相のシフトに相当する B の値は，その変動が十分遅く，正弦波信号と同等の周波数成分をもたないかぎり，上述のとおり光変調器の機能に影響をあたえないので，B は不定でよい。この場合，バイアス制御用電圧と正弦波信号が電極を

共有していても，バイアス点制御に必要な ΔB を任意の値に設定することができる．以降では，バイアス制御のための B_1, B_2 は適宜制御できるものと仮定して，固有チャープパラメータ α_0 は A_1 と A_2 の関係を規定するものと考える．

固有チャープパラメータは 2 つの光位相変調器で生じる正弦波による位相変調の大きさの差を表すものであるが，これに加えて，2.3.4 項で議論した 2 つの位相変調器の間の光強度の差について考える．透過率 K_1, K_2 は式 (2.52) および式 (2.53) であたえられるものとすると，変調器出力光は

$$R = K \frac{e^{i\omega_0 t}}{2} \left[e^{i\{A_1 \sin(\omega_m t+\phi_1)+B_1\}} \left(1+\frac{\eta}{2}\right) \right.$$
$$\left. + e^{i\{A_2 \sin(\omega_m t+\phi_2)+B_2\}} \left(1-\frac{\eta}{2}\right) \right] \quad (4.112)$$
$$= K \frac{e^{i\omega_0 t}}{2} \left[e^{i\{(A+\alpha_A) \sin(\omega_m t+\phi_1)+B_1\}} \left(1+\frac{\eta}{2}\right) \right.$$
$$\left. + e^{i\{(-A+\alpha_A) \sin(\omega_m t+\phi_2)+B_2\}} \left(1-\frac{\eta}{2}\right) \right] \quad (4.113)$$

となる．η は製造誤差などによる光損失の差である．式 (2.32) に示したとおり，K は損失のない変調器で 1 となる量で，導波路内部や分岐構造における平均的な損失の程度を表す．

$\eta = 0$ は，光分岐，合波部が対称で，かつ 2 つの光位相変調器における光損失のバランスのとれた干渉計を意味する．一方，α_0 は変調作用の大きさのバランスを表すものであり，η, α_0 とも絶対値が小さいほど MZ 変調器の対称性が高く理想に近いプッシュプル動作が実現可能であることを示す．K は全体としての光損失を表すもので，変調器の動作を考える際には重要ではないので，以下では $K = 1$ とする．

式 (4.101) の第一項と第二項に対して式 (4.59) と同様のベッセル関数による展開を適用すると

$$R = \frac{e^{i\omega_0 t}}{2} \sum_{n=-\infty}^{\infty} e^{in\omega_m t} \left[J_n(A_1) e^{in\phi_1+iB_1} \left(1+\frac{\eta}{2}\right) \right.$$
$$\left. + J_n(A_2) e^{in\phi_2+iB_2} \left(1-\frac{\eta}{2}\right) \right] \quad (4.114)$$
$$= \frac{e^{i\omega_0 t}}{2} \sum_{n=-\infty}^{\infty} e^{in\omega_m t} \left[J_n(A+\alpha_A) e^{in\phi_1+iB_1} \left(1+\frac{\eta}{2}\right) \right.$$
$$\left. + J_n(-A+\alpha_A) e^{in\phi_2+iB_2} \left(1-\frac{\eta}{2}\right) \right] \quad (4.115)$$

4.3 マッハツェンダー変調器によるサイドバンドの発生　　　　　　　　　　119

がえられる。これは式 (4.102) の行列要素をかき下したものと同等である。ここで，n 次サイドバンド成分のパワー (振幅の 2 乗) を P_n とすると，

$$P_n = D_n^2 \tag{4.116}$$

$$D_n = \frac{1}{2}\left| J_n(A+\alpha_A)e^{in\phi_1+iB_1}\left(1+\frac{\eta}{2}\right) \right.$$
$$\left. +J_n(-A+\alpha_A)e^{in\phi_2+iB_2}\left(1-\frac{\eta}{2}\right)\right| \tag{4.117}$$

$$= \frac{1}{2}\left| e^{iB+in\frac{\phi_1+\phi_2}{2}}\left[J_n(A+\alpha_A)e^{i(n\frac{\phi}{2}+\Delta B)}\left(1+\frac{\eta}{2}\right) \right.\right.$$
$$\left.\left. +J_n(-A+\alpha_A)e^{-i(n\frac{\phi}{2}+\Delta B)}\left(1-\frac{\eta}{2}\right)\right]\right|$$

$$= \frac{1}{2}\left| J_n(A+\alpha_A)e^{i(n\frac{\phi}{2}+\Delta B)}\left(1+\frac{\eta}{2}\right) \right.$$
$$\left. +J_n(-A+\alpha_A)e^{-i(n\frac{\phi}{2}+\Delta B)}\left(1-\frac{\eta}{2}\right)\right| \tag{4.118}$$

となる。D_n は各サイドバンド成分の振幅 (絶対値) を表す。

$$\phi \equiv \phi_1 - \phi_2 \tag{4.119}$$

はスキュー (Skew) とよばれ，変調信号間の位相ずれを表す。$\phi_B \equiv 2\Delta B$ を用いると

$$D_n = \frac{1}{2}\left| J_n(A+\alpha_A)e^{in\phi+i\phi_B}\left(1+\frac{\eta}{2}\right) + J_n(-A+\alpha_A)\left(1-\frac{\eta}{2}\right)\right| \tag{4.120}$$

とかける。以降，ϕ_B を単にバイアスとよび，2 つの光位相変調器を通る光信号間の平均的な光位相ずれを表すものとして，ΔB とともに，適宜用いる。

式 (4.115) において，ϕ, ϕ_B を用いてかくと，出力光は

$$R = \frac{e^{i\omega_0 t+iB_2}}{2}\sum_{n=-\infty}^{\infty} e^{in\omega_m t+in\phi_2}\left[J_n(A+\alpha_A)e^{in\phi+i\phi_B}\left(1+\frac{\eta}{2}\right) \right.$$
$$\left. +J_n(-A+\alpha_A)\left(1-\frac{\eta}{2}\right)\right] \tag{4.121}$$

となる。各サイドバンド成分の振幅 (絶対値) は

$$D_n = \frac{1}{2}\left| J_n(A+\alpha_A)e^{in\phi+i\phi_B}\left(1+\frac{\eta}{2}\right) + J_n(-A+\alpha_A)\left(1-\frac{\eta}{2}\right)\right| \tag{4.122}$$

となる。ΔB を用いると，各サイドバンド成分の振幅と位相関係を見通しよく表現できるのに対して，各成分の強度や光信号全体の強度について議論するときは，ϕ_B および ϕ を用いると便利なことが多い。さらに，$\Phi = n\phi + \phi_B$ を用

いて整理すると，

$$D_n = \frac{1}{2}\left| J_n(A+\alpha_A)e^{i\Phi}\left(1+\frac{\eta}{2}\right) + J_n(-A+\alpha_A)\left(1-\frac{\eta}{2}\right)\right| \quad (4.123)$$

$$= \frac{1}{2}\Big| J_n(A+\alpha_A)\left(1+\frac{\eta}{2}\right)\cos\Phi + J_n(-A+\alpha_A)\left(1-\frac{\eta}{2}\right)$$
$$+ iJ_n(A+\alpha_A)\left(1+\frac{\eta}{2}\right)\sin\Phi\Big| \quad (4.124)$$

$$= \frac{1}{2}\Big[\left\{J_n(A+\alpha_A)\left(1+\frac{\eta}{2}\right)\right\}^2 + \left\{J_n(-A+\alpha_A)\left(1-\frac{\eta}{2}\right)\right\}^2$$
$$+ 2J_n(A+\alpha_A)J_n(-A+\alpha_A)\left(1-\frac{\eta^2}{4}\right)\cos\Phi\Big]^{1/2} \quad (4.125)$$

となる。

4.3.3 バランスのとれたマッハツェンダー変調器

ここでは，MZ 干渉計を構成する光導波路内での損失のバランスがとれていて ($\eta=0$)，かつ，理想的なプッシュプル動作 ($\alpha_A = 0$) の場合の MZ 変調器によるサイドバンド発生について説明する。

MZ 変調器では，2 つの位相変調器に 180 度位相差，つまり，符号が反転した波形を印加するのが理想である。A_1 と A_2 が逆符号であるとすると $\phi=0$ のときにプッシュプル動作がえられる。図 2.38 に示した Z カット，もしくは X カット変調器においては，実際のデバイスで $\phi=0$ と仮定してよい場合が多い。ここでスキュー $\phi=0, \phi_1 = \phi_2 = \tilde{\phi}$ とした。複数の変調信号を特定の位相関係で同時に印加する場合には，それらの効果を加算する際に $\tilde{\phi}$ を考慮する必要があるが，単一の MZ 変調器に 1 つの変調信号のみを加えるときには $\tilde{\phi}=0$ としても一般性を失わない。式 (4.115) は

$$R = \frac{e^{i\omega_0 t}}{2}\sum_{n=-\infty}^{\infty} e^{in(\omega_m t+\tilde{\phi})}\left[J_n(A)e^{iB_1} + J_n(-A)e^{iB_2}\right] \quad (4.126)$$

$$= \frac{e^{i\omega_0 t}}{2}e^{iB}\sum_{n=-\infty}^{\infty} e^{in(\omega_m t+\tilde{\phi})}J_n(A)\left[e^{i\Delta B} + (-1)^n e^{-i\Delta B}\right] \quad (4.127)$$

となり，位相変調の場合と同様に，各サイドバンド成分の大きさはベッセル関数 $J_n(A)$ で表されることがわかる。各成分の振幅は

$$D_n = \frac{1}{2}\left|J_n(A)e^{i\Delta B} + (-1)^n J_n(A)e^{-i\Delta B}\right| \quad (4.128)$$

4.3 マッハツェンダー変調器によるサイドバンドの発生

$$= \frac{1}{2}\left|J_n(A)\mathrm{e}^{\mathrm{i}\phi_\mathrm{B}} + (-1)^n J_n(A)\right| \quad (4.129)$$

であり，n 次のサイドバンド成分は

$$\mathrm{e}^{\mathrm{i}\Delta B} + (-1)^n \mathrm{e}^{-\mathrm{i}\Delta B} \quad (4.130)$$

を係数としてもつ．これは，2つの位相変調器からの光出力が加算される際の干渉の効果に相当する．偶数次，すなわち，$(-1)^n = 1$ のときは $2\cos\Delta B$ となる．一方，奇数次，すなわち，$(-1)^n = -1$ のときは $\mathrm{i}2\sin\Delta B$ となるので，式 (4.127) をかき下すと，

$$\begin{aligned}
R = \mathrm{e}^{\mathrm{i}\omega_0 t}\mathrm{e}^{\mathrm{i}B}\Big[&\cos\Delta B\left\{\cdots + J_{-2}(A)\mathrm{e}^{-2\mathrm{i}(\omega_\mathrm{m}t+\widetilde{\phi})} + J_0(A)\right.\\
&\left.+ J_2(A)\mathrm{e}^{2\mathrm{i}(\omega_\mathrm{m}t+\widetilde{\phi})} + \cdots\right\}\\
&+\mathrm{i}\sin\Delta B\left\{\cdots + J_{-3}(A)\mathrm{e}^{-3\mathrm{i}(\omega_\mathrm{m}t+\widetilde{\phi})} + J_{-1}(A)\mathrm{e}^{-\mathrm{i}(\omega_\mathrm{m}t+\widetilde{\phi})}\right.\\
&\left.+ J_1(A)\mathrm{e}^{\mathrm{i}(\omega_\mathrm{m}t+\widetilde{\phi})} + J_3(A)\mathrm{e}^{3\mathrm{i}(\omega_\mathrm{m}t+\widetilde{\phi})} + \cdots\right\}\Big]
\end{aligned}$$
(4.131)

となる．偶数次成分は，ΔB が π の整数倍のときに最大となる．これは，2つの光位相変調器の間での光位相差 $2\Delta B\ (=\phi_\mathrm{B})$ が 2π の整数倍であることを意味しており，光路長の差が，波長の整数倍であり合波部分で同相で加算されることに相当する．一方，奇数次成分は，光位相差が π の奇数倍であり，合波部分で逆相で加算されることに相当する．

各サイドバンド成分の大きさと位相関係を図 4.20 に示した．ここで $\cos\Delta B = \sin\Delta B$，つまり $\Delta B = \pi/4$ であるとした．これは，2.3.3 項で述べた直交バイ

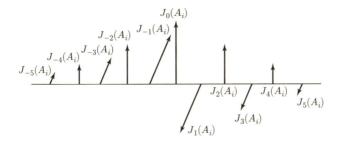

図 4.20　MZ 変調器出力光スペクトラム ($t=0$)

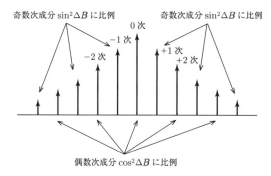

図 4.21　直交バイアス条件 ($\Delta B = \pi/4$) における MZ 変調器出力光パワースペクトラム

アス条件に相当する．また，変調信号の位相 $\tilde{\phi} = 0$ とした．n 次サイドバンド成分の大きさは $J_n(A)$ に比例するので，図 4.21 に示すように位相関係の情報を含まないパワースペクトルでみると，位相変調の場合と同じスペクトル形状となる．偶数次成分，奇数次成分のパワー (強度の 2 乗) は，それぞれ，$\cos^2 \Delta B$, $\sin^2 \Delta B$ に比例する．

図 4.22 にバイアス条件がフルバイアスに近い場合 ($\Delta B \to 0$) を示した．偶数次成分は最大となり，奇数次成分はゼロに近づく．光位相差の平均成分 $2\Delta B$ はゼロであり，入力光と同じ光周波数をもつ 0 次サイドバンド (搬送波) 成分は合波の際に，干渉で強め合い最大値となる．他の偶数次成分も同様に最大となるのに対して，奇数次サイドバンド成分は干渉により抑圧される．一方，ヌルバイアスに近い場合 ($\Delta B \to \pi/2$) では，図 4.23 に示すように，偶数次成分は抑圧されるのに対して，奇数次成分は最大となる．

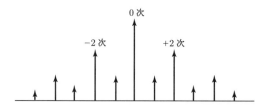

図 4.22　フルバイアス条件 ($\Delta B \to 0$) における MZ 変調器出力光パワースペクトラム

4.3 マッハツェンダー変調器によるサイドバンドの発生

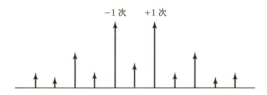

図 4.23 ヌルバイアス条件 ($\Delta B \to \pi/2$) における MZ 変調器出力光パワースペクトラム

各サイドバンド成分の対称性に注目すると,

$$R = e^{i\omega_0 t} e^{iB} \left[\cos \Delta B \left\{ J_0(A) + 2 \sum_{n=1}^{\infty} J_{2n}(A) \cos[2n(\omega_m t + \widetilde{\phi})] \right\} \right.$$
$$\left. - \sin \Delta B \cdot 2 \sum_{n=1}^{\infty} J_{2n-1}(A) \sin[(2n-1)(\omega_m t + \widetilde{\phi})] \right] \quad (4.132)$$

となり, $e^{i\omega_0 t} e^{iB}$ と実関数の積で表すことができる。よって, 出力光の強度は

$$|R| = \cos \Delta B \left\{ J_0(A) + 2 \sum_{n=1}^{\infty} J_{2n}(A) \cos[2n(\omega_m t + \widetilde{\phi})] \right\}$$
$$- 2 \sin \Delta B \sum_{n=1}^{\infty} J_{2n-1}(A) \sin[(2n-1)(\omega_m t + \widetilde{\phi})] \quad (4.133)$$

であたえられることがわかる。

4.3.4 マッハツェンダー変調器の基本動作

MZ 変調器は 2 つの光位相変調器で 2 つの光信号の間の位相差を制御し, これらを合波させて, 光干渉による光強度制御を実現するものである。2.3.1 項で議論したとおり, 準静的な変化のみを考えるときには, 光位相差 $\phi_B = 2\Delta B$ が 0 のときに 2 つの光信号が同相で合波されて, 干渉で強め合い光出力最大となり, ϕ_B が π で光路差が半波長に一致し, 2 つの光信号が逆相で合波されて干渉で弱め合い光出力最小となる, という原理で動作が説明できる。しかし, 直流的なバイアス ΔB ($=\phi_B/2$) とともに, 高速で変化する正弦波信号を印加した場合には上記の単純な説明は成り立たない。奇数次成分, もしくは, 偶数次成分のみに着目すると, 各次数成分の比はベッセル関数で表され, 位相変調のときと同様になる。奇数次成分全体と偶数次成分全体が, ΔB に対して周期的に増減し, その係数の自乗和が一定で, 最大と最小が入れ違いになる (係数が $\cos \Delta B$, $\sin \Delta B$ であたえられているので自明である) という性質がある。

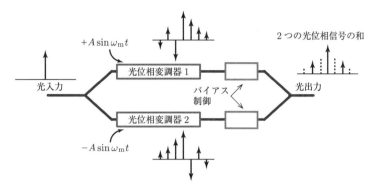

図 4.24　MZ 変調器各部でのサイドバンド成分 ($\Delta B = 0$)

図 4.24 に，$\Delta B = 0$ とした場合の MZ 変調器の各部でのサイドバンド成分を示した．ここでは正弦波信号による位相変調と，バイアスによる光位相シフトがスペクトルに及ぼす作用を個別に説明するために，正弦波信号のための光位相変調とバイアス制御が分離されている構成を示したが，正弦波信号にバイアス制御用の直流電圧を重畳しても，サイドバンド生成のメカニズムは本質的に変わらない．光位相変調器 1 の出力ではすべての USB の位相が 0 度，つまり，紙面内上向きでそろっている．一方，LSB では奇数次成分の位相が 180 度で，符号が反転している．光位相変調器 2 では逆に LSB がすべて上向き (位相 0 度)，USB の奇数次成分の符号が反転している．フルバイアス ($\Delta B = 0$) の場合，これらの 2 つの光信号がそのまま加算される．奇数次成分は互いに符号が反転しているので，干渉で打ち消し合う．一方，偶数次成分は同符号で加算され，偶数次成分のみからなる出力光がえられる．

ヌルバイアス ($\Delta B = \pi/2$) の場合も 2 つの光位相変調器で上記と同様のサイドバンド成分が発生するが，図 4.25 に示すように，バイアス電圧により光位相が $+\pi/2$ (90 度)，$-\pi/2$ (-90 度) 回転する．光位相変調器 1 の光信号の 0 次成分の位相を基準にしてみると，光位相変調器 2 の光信号全体の位相が 180 度回転，つまり，符号が反転したことになる．これらを合波すると光位相変調器 1 と 2 からの光信号の差をとることになり，偶数次成分が抑圧され，奇数次成分のみからなる出力がえられる．各バイアス状態での MZ 変調器の出力についての詳細は 5.1 節で述べる．

4.3 マッハツェンダー変調器によるサイドバンドの発生

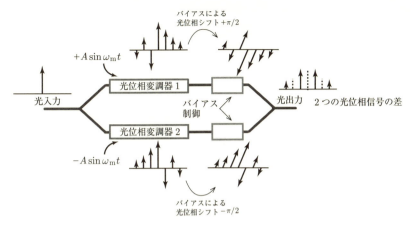

図 4.25 MZ 変調器各部でのサイドバンド成分 ($\Delta B = \pi/2$)

4.3.5 スキューの影響

式 (4.118) より，0 次成分はスキューの影響を受けないことがわかる．それ以外の成分は，スキューがある場合には $P_n \neq P_{-n}$ となり非対称なスペクトルとなる．バランスのとれた MZ 変調器を仮定して $\alpha_0 = \eta = 0$ とすると，出力光 R は

$$R = \frac{e^{i\omega_0 t + iB_2}}{2} \sum_{n=-\infty}^{\infty} J_n(A) e^{in\omega_m t + in\phi_2} \left[e^{i(\phi_B + n\phi)} + (-1)^n \right] \quad (4.134)$$

となる．よって，P_n は

$$P_n = \frac{J_n^2(A)}{4} \left| (-1)^n + e^{i(\phi_B + n\phi)} \right|^2 \quad (4.135)$$

$$= \frac{J_n^2(A)}{2} \left[(-1)^n \cos(\phi_B + n\phi) + 1 \right] \quad (4.136)$$

$$= \frac{J_n^2(A)}{2} \left[(-1)^n \cos \Phi + 1 \right] \quad (4.137)$$

であたえられる．フルバイアス ($\phi_B = 0$) のときには

$$P_n = \frac{J_n^2(A)}{2} \left[(-1)^n \cos n\phi + 1 \right] \quad (4.138)$$

ヌルバイアス ($\phi_B = \pi$) のときには

$$P_n = \frac{J_n^2(A)}{2} \left[-(-1)^n \cos n\phi + 1 \right] \quad (4.139)$$

となる。$\cos x$ が偶関数であるので，ともに，$P_n = P_{-n}$ となり対称性は保たれる。スキューをもたせても対称性が保持されるかを測定することで，正確にヌルバイアス，フルバイアスの状態にあることを確認することが可能で，高い精度で MZ 変調器を調整する場合には有用な方法である。

フルバイアス，ヌルバイアス以外のバイアス条件の場合，$P_n = 0$, $P_{-n} \neq 0$ を満たす ϕ, ϕ_B の組合せがあり，USB もしくは LSB のいずれかのみを発生させることが可能である。これは単側波帯変調の原理となる。単側波帯変調は **SSB** (Single Sideband) 変調とよばれる。(詳細は 5.2 節で述べる。)

5
両側波帯変調と単側波帯変調

　MZ 干渉計を用いた各種変調器の発生するサイドバンドは，そのデバイスの構成，変調信号の位相関係，バイアス状態に依存する．本章では，目的に応じた様々な信号発生を実現するための手法とその応用について考える．変調信号の形式を**両側波帯** (DSB: Doble Sideband) **変調**と**単側波帯** (SSB: Signle Sideband) **変調**に大別し，4 章であたえたサイドバンド発生のベッセル関数による表記を用いて，各種変調方式のもつ性質について説明する．

　DSB 変調では変調信号の位相がそろっていて，スキューがゼロであり，周波数軸上で見たサイドバンド成分が 0 次成分に対して対称，つまり，USB と LSB が同じ大きさである．USB, LSB の両方がバランスして等しい強度で出力されるので両側波帯変調とよばれる．一方，SSB 変調ではスキューの制御により USB または LSB を大きく抑圧し，出力にどちらか一方しか含まれない状態をえる．

　以下では，実用上重要な 0 次サイドバンド成分 (搬送波) と ±1 次サイドバンド成分に注目する．必要に応じて 3 次以下の要素についても議論する．次数の高いサイドバンド成分の生成効率は高くないので，実用システムでは ±1 次サイドバンド成分を所望成分として用いるものが多い．この場合，高次成分は不要成分として出力に含まれうる．精度の高い信号発生を実現するためには，所望成分を最大化し，不要成分を大きく抑圧することが重要である．

5.1 様々なバイアス条件における両側波帯変調

両側波帯 (DSB) 変調信号は，等しい大きさをもつ USB, LSB を含む．そのうち，搬送波 (Carrier) をもたないものを，**両側波帯搬送波抑圧** (DSB-SC: Double-Sideband Suppressed Carrier) **信号**とよぶ．一方，搬送波をもつものは単に DSB 信号というが，搬送波をもつことを明記するために **DSB+C 信号**とよぶこともある．スキュー ϕ がゼロのとき，USB と LSB は等しい大きさをもち，DSB 信号がえられる．以下では，応用上重要な役割をもつ 3 つのバイアス条件，直交バイアス，ヌルバイアス，フルバイアスの条件下での DSB 信号発生について説明する．以降，MZ 変調器を構成する 2 つの光位相変調器からの光信号の光位相差であるバイアスを ϕ_B $(= 2\Delta B)$ を用いて表す．直交バイアスが $\phi_B = \pi/2$，ヌルバイアスが $\phi_B = \pi$，フルバイアス $\phi_B = 0$ にそれぞれ相当する．以下の説明では簡単のために，損失を無視して，$K = 1$ とする．また，入力光の振幅 $E_0 = 1$ とする．

5.1.1 直交バイアス

MZ 変調器を構成する 2 つの光位相変調器で発生した光信号を 90 度の光位相差で加算する条件に相当する．式 (4.115) において，$\Delta B = \pi/4$ $(\phi_B = \pi/2)$ とすると，

$$R = \frac{e^{i\omega_0 t - i\frac{\pi}{4}}}{2} \sum_{n=-\infty}^{\infty} e^{in\omega_m t + in\phi_2} \left[iJ_n(A + \alpha_A) e^{in\phi} \left(1 + \frac{\eta}{2}\right) \right.$$
$$\left. + J_n(-A + \alpha_A) \left(1 - \frac{\eta}{2}\right) \right] \quad (5.1)$$

とかける．ここで，$B_2 = -B_1 = -\pi/4$ $(B = 0)$ としたが，絶対位相にのみ関係する項であり，一般性は失わない．

直交バイアス条件の n 次サイドバンド成分 (絶対値) を D_{nQ} とすると，

$$D_{nQ} = \frac{1}{2} \left| iJ_n(A + \alpha_A) e^{in\phi} \left(1 + \frac{\eta}{2}\right) + J_n(-A + \alpha_A) \left(1 - \frac{\eta}{2}\right) \right| \quad (5.2)$$

とかける．スキュー ϕ がゼロの場合を考えると，

$$D_{nQ} = \frac{1}{2} \left[J_n^2(A + \alpha_A) \left(1 + \frac{\eta}{2}\right)^2 + J_n^2(-A + \alpha_A) \left(1 - \frac{\eta}{2}\right)^2 \right]^{1/2} \quad (5.3)$$

となる．$D_{nQ} = D_{-nQ}$ であることは明らかであるので，USB と LSB が等しい

5.1 様々なバイアス条件における両側波帯変調

大きさをもち，DSB信号がえられていることがわかる．また，一般に $D_{0Q} \neq 0$ であるので，DSB+C信号である．

$|A| \gg |\alpha_A|$, $\eta \sim 0$ と仮定して，α_A, η の2次以上の高次の項を無視して，$J_n(A + \alpha_A) \simeq J_n(A) + \alpha_A J'_n(A)$ を用いると，

$$D_{nQ} \simeq \frac{1}{2}\Big[\{J_n(A) + \alpha_A J'_n(A)\}^2(1+\eta)$$
$$+ \{J_n(-A) + \alpha_A J'_n(-A)\}^2(1-\eta)\Big]^{1/2} \quad (5.4)$$

$$\simeq \frac{1}{2}\Big[J_n^2(A)(1+\eta) + 2\alpha_A J_n(A)J'_n(A)$$
$$+ J_n^2(-A)(1-\eta) + 2\alpha_A J_n(-A)J'_n(-A)\Big]^{1/2} \quad (5.5)$$

となる．ここで，$J'_n(A)$ は $J_n(A)$ の導関数である．$J_n(A)$ は偶関数，または，奇関数であるが，いずれの場合にも $J_n^2(A) = J_n^2(-A)$ が成り立つ．また，$J'_n(-A)J_n(-A) - J'_n(A)J_n(A)$ である．これは，奇関数の導関数は偶関数であり，逆に，偶関数の導関数は奇関数であることによる．つまり，$J_n(A)$, $J'_n(A)$ のいずれかが奇関数，もう一方が偶関数であり，その積は奇関数となる．これらを用いると，

$$D_{nQ} \simeq \frac{|J_n(A)|}{\sqrt{2}} \quad (5.6)$$

となる．スペクトル形状は4.3.3項で議論し，図4.21に示したものと同様になる．バランスからのずれの要素 α_A, η を考慮に入れても，2次以上の高次の項を無視すると，バランスがとれた理想的な場合と等しくなり，直交バイアス条件のときには，これらのずれの要素が光信号に大きな影響を与えないことがわかる．強度でみたスペクトル形状は，光位相変調信号と同じく n 次サイドバンド成分の大きさが n 次ベッセル関数 $J_n(A)$ に比例する．ただし，全体として振幅が $1/\sqrt{2}$ だけ小さい．これは，合波する際に，半分のエネルギーは分岐部分から放射されて出力に寄与しないためである．

ここで，0次と±1次の3つのサイドバンド成分に注目して，位相変調器の出力と直交バイアス条件のMZ変調器の出力を比較する．上記のとおり，α_A, η の影響は小さいので，これらはゼロであるとする．

位相変調器の出力は損失を無視して，入力光の振幅を1とすると，式(4.59)

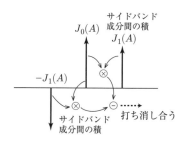

図 5.1 位相変調によるサイドバンドと光強度

より,変調信号を $A\sin\omega_\mathrm{m}t$ とすると,

$$R \simeq \mathrm{e}^{\mathrm{i}\omega_0 t}\left[J_{-1}(A)\mathrm{e}^{-\mathrm{i}\omega_\mathrm{m}t} + J_0(A) + J_1(A)\mathrm{e}^{\mathrm{i}\omega_\mathrm{m}t}\right] \quad (5.7)$$

$$= \mathrm{e}^{\mathrm{i}\omega_0 t}\left[-J_1(A)\mathrm{e}^{-\mathrm{i}\omega_\mathrm{m}t} + J_0(A) + J_1(A)\mathrm{e}^{\mathrm{i}\omega_\mathrm{m}t}\right] \quad (5.8)$$

$$= \mathrm{e}^{\mathrm{i}\omega_0 t}\left[J_0(A) + 2\mathrm{i}\sin\omega_\mathrm{m}t J_1(A)\right] \quad (5.9)$$

となる.図 5.1 に示したように,0 次サイドバンドと +1 次サイドバンドが同相となる時刻 ($t=0$) でみると,0 次と +1 次は同符号であるのに対して,-1 次は逆符号となる.光の強度 $|R|^2$ は式 (5.8) より

$$\begin{aligned}|R|^2 = & \left[-J_1(A)\mathrm{e}^{-\mathrm{i}\omega_\mathrm{m}t} + J_0(A) + J_1(A)\mathrm{e}^{\mathrm{i}\omega_\mathrm{m}t}\right] \\ & \times \left[-J_1(A)\mathrm{e}^{\mathrm{i}\omega_\mathrm{m}t} + J_0(A) + J_1(A)\mathrm{e}^{-\mathrm{i}\omega_\mathrm{m}t}\right] \quad (5.10)\end{aligned}$$

であたえられる.強度は,各サイドバンド成分自体の強度 (自乗) とサイドバンド成分間の積からなる.変調信号の大きさが小さい場合 ($|A| \ll 1$) を考えて,$J_1^2(A)$ 以上の高次の項を無視して,さらに展開すると,

$$\begin{aligned}|R|^2 = & J_0^2(A) + 2J_1^2(A) + [J_1(A)J_0(A) - J_0(A)J_1(A)]\mathrm{e}^{-\mathrm{i}\omega_\mathrm{m}t} \\ & + [J_1(A)J_0(A) - J_0(A)J_1(A)]\mathrm{e}^{\mathrm{i}\omega_\mathrm{m}t} - J_1^2(A)\mathrm{e}^{-2\mathrm{i}\omega_\mathrm{m}t} - J_1^2(A)\mathrm{e}^{2\mathrm{i}\omega_\mathrm{m}t} \\ \simeq & J_0^2(A) + [J_1(A)J_0(A) - J_0(A)J_1(A)]\mathrm{e}^{-\mathrm{i}\omega_\mathrm{m}t} \\ & + [J_1(A)J_0(A) - J_0(A)J_1(A)]\mathrm{e}^{\mathrm{i}\omega_\mathrm{m}t} \quad (5.11)\end{aligned}$$

となる.$\mathrm{e}^{\mathrm{i}\omega_\mathrm{m}t}$ と $\mathrm{e}^{-\mathrm{i}\omega_\mathrm{m}t}$ の係数 $[J_1(A)J_0(A) - J_0(A)J_1(A)]$ は明らかにゼロであるので,$J_0^2(A) \simeq 1$ より

$$|R|^2 = 1 \quad (5.12)$$

となり,変調信号 $A\sin\omega_\mathrm{m}t$ を印加したのもかかわらず,一定となる.光位相

5.1 様々なバイアス条件における両側波帯変調

変調が光位相のみに変化をあたえるものであるので、この結果は矛盾しない。ここで、$J_0(A) = 1$ の近似を用いたが、$J_0^2(A) + 2J_1^2(A)$ に対して式 (4.12) と式 (4.16) を適用すると

$$\begin{aligned} J_0^2(A) + 2J_1^2(A) &\simeq \left(1 - \frac{A^2}{4}\right)^2 + \frac{A^2}{2} \\ &\simeq 1 - 2 \times \frac{A^2}{4} + \frac{A^2}{2} \\ &= 1 \end{aligned} \tag{5.13}$$

となり、より高次の近似においても 0 次成分 (搬送波成分) の大きさが 1 で、強度が一定であることがわかる。

$e^{i\omega_m t}$ と $e^{-i\omega_m t}$ の係数は 0 次サイドバンドと +1 次サイドバンドの積 $J_1(A)J_0(A)$、0 次サイドバンドと −1 次サイドバンドの積 $-J_1(A)J_0(A)$ の寄与をあわせたものになる。同じ大きさで逆符号であるので、図 5.1 に示したように打ち消し合い、ゼロとなる。時間軸で考えると、式 (5.9) より、位相変調された光信号は図 5.2 に示すように、一定した搬送波 (0 次サイドバンド) とそれに直交する微小な変動成分で表される。ここで、搬送波が実軸上にあるとした。微小な変動が近似的に円周上にあるので、強度一定で位相のみ変化する。より高次のサイドバンド成分の寄与も含めると、出力光は正確に円周上を振動することになる。

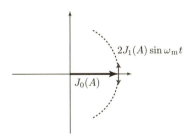

図 5.2 位相変調信号のフェーザ図

一方、直交バイアス条件での MZ 変調器の出力は、式 (5.1) において α_A, η ともにゼロであるとすると、

$$\begin{aligned} R &= \frac{e^{i\omega_0 t - i\frac{\pi}{4}}}{2} \left[(i-1)J_{-1}(A)e^{-i\omega_m t} + (i+1)J_0(A) + (i-1)J_1(A)e^{i\omega_m t} \right] \\ &= \frac{e^{i\omega_0 t - i\frac{\pi}{4}}}{\sqrt{2}} \left[\frac{-i+1}{\sqrt{2}} J_1(A)e^{-i\omega_m t} + \frac{i+1}{\sqrt{2}} J_0(A) + \frac{i-1}{\sqrt{2}} J_1(A)e^{i\omega_m t} \right] \end{aligned}$$

$$= \frac{e^{i\omega_0 t - i\frac{\pi}{4}}}{\sqrt{2}} \left[J_1(A)e^{-i\omega_m t - i\frac{\pi}{4}} + J_0(A)e^{i\frac{\pi}{4}} + J_1(A)e^{i\omega_m t + i\frac{3\pi}{4}} \right]$$

$$= \frac{e^{i\omega_0 t}}{\sqrt{2}} \left[J_1(A)e^{-i\omega_m t - i\frac{\pi}{2}} + J_0(A) + J_1(A)e^{i\omega_m t + i\frac{\pi}{2}} \right] \quad (5.14)$$

となる．変調信号の $1/4$ 周期分ずらした時刻 $t' = t + \pi/2\omega_m$ を用いると，

$$R = \frac{e^{i\omega_0 t' - i\frac{\pi\omega_0}{2\omega_m}}}{\sqrt{2}} \left[J_1(A)e^{-i\omega_m t'} + J_0(A) + J_1(A)e^{i\omega_m t'} \right]$$

$$= \frac{e^{i\omega_0 t' - i\frac{\pi\omega_0}{2\omega_m}}}{\sqrt{2}} \left[J_0(A) + 2\cos\omega_m t' J_1(A) \right]$$

$$= \frac{e^{i\omega_0 t}}{\sqrt{2}} \left[J_0(A) - 2\sin\omega_m t \, J_1(A) \right] \quad (5.15)$$

となる．図 5.3 に示したように，0 次サイドバンドと +1 次サイドバンドが同相となる時刻 ($t' = 0$) でみると，0 次と +1 次，−1 次はすべて同符号となる．

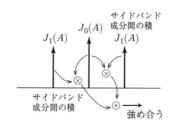

図 5.3　直交バイアスの MZ 変調器によるサイドバンドと光強度

光強度 $|R|^2$ は式 (5.15) からも直接的に求めることができるが，各サイドバンド成分の寄与を理解するために式 (5.15) を展開して，

$$|R|^2 = \frac{1}{2} \left[J_1(A)e^{-i\omega_m t'} + J_0(A) + J_1(A)e^{i\omega_m t'} \right]$$
$$\times \left[J_1(A)e^{i\omega_m t'} + J_0(A) + J_1(A)e^{-i\omega_m t'} \right] \quad (5.16)$$

を考える．位相変調の場合と同様に $J_1^2(A)$ 以上の高次の項を無視して，さらに展開すると，

$$|R|^2 = \frac{1}{2} \Big[J_0^2(A) + 2J_1^2(A) + 2J_0(A)J_1(A)e^{-i\omega_m t'} + 2J_0(A)J_1(A)e^{i\omega_m t'}$$
$$+ J_1^2(A)e^{-2i\omega_m t'} + J_1^2(A)e^{2i\omega_m t'} \Big]$$

5.1 様々なバイアス条件における両側波帯変調

$$= \frac{1}{2}\left[J_0^2(A) + 2J_1^2(A)(\cos 2\omega_\mathrm{m} t' + 1) + 4J_0(A)J_1(A)\cos\omega_\mathrm{m} t'\right]$$

$$= \frac{1}{2}\left[J_0^2(A) + 4J_1^2(A)\cos^2\omega_\mathrm{m} t' + 4J_0(A)J_1(A)\cos\omega_\mathrm{m} t'\right]$$

$$\simeq \frac{1}{2}\left[1 + 4A\cos\omega_\mathrm{m} t'\right]$$

$$= \frac{1}{2}\left[1 - 4A\sin\omega_\mathrm{m} t'\right] \tag{5.17}$$

がえられる。$\mathrm{e}^{i\omega_\mathrm{m} t'}$ と $\mathrm{e}^{-i\omega_\mathrm{m} t'}$ の係数は 0 次サイドバンドと +1 次サイドバンドの積 $J_1(A)J_0(A)$, 0 次サイドバンドと −1 次サイドバンドの積 $J_1(A)J_0(A)$ の寄与を合わせたものになる。同じ大きさで同符号で加算され図 5.3 に示したように強め合う。よって，出力光の強度は変調信号 $A\sin\omega_\mathrm{m} t$ に比例して変化し，強度変調が実現できることがわかる。振幅 $|R|$ は

$$|R| \simeq \frac{1}{\sqrt{2}}\left[1 + 2A\cos\omega_\mathrm{m} t'\right]$$

$$= \frac{1}{\sqrt{2}}\left[1 - 2A\sin\omega_\mathrm{m} t\right] \tag{5.18}$$

となる。時間軸で考えると式 (5.15) より，強度変調された光信号は図 5.4 に示すように，一定した搬送波 (0 次サイドバンド) とそれに並行な変動成分で表れる。搬送波に平行な変動のみで，直交する成分はゼロである。これは，位相変動はなく，振幅のみの制御が実現されていることを意味する。バイアスを $\phi_\mathrm{B} = -\pi/2$ とすると

$$|R| \simeq \frac{1}{\sqrt{2}}\left[1 + 2A\sin\omega_\mathrm{m} t\right] \tag{5.19}$$

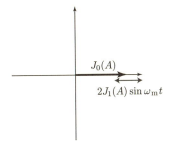

図 5.4　強度変調信号のフェーザ図

となり，強度変化の符号を反転できる．

図 5.1 と図 5.3 に示したように，位相変調器の出力と MZ 変調器の出力はパワースペクトルでみると同等であるが，各サイドバンド成分の位相関係に大きな違いがある．直交バイアス条件の MZ 変調器でえられた強度変調信号では -1 次，0 次，$+1$ 次の 3 つの成分で位相がそろっているのに対して，位相変調信号では -1 次成分の符号が反転している．光強度は各サイドバンド成分間の積からなるが，位相変調信号では -1 次と 0 次の積と $+1$ 次と 0 次の積が打ち消し合い，強度変化が生じない．強度変調信号は大きさの等しい ± 1 次サイドバンド成分と搬送波をもつので DSB+C 信号であるといえるが，同じスペクトル形状をもつ位相変調信号のことを DSB 信号とは一般にはよばない．

このように，位相変調信号と強度変調信号は同一のスペクトルであっても周波数成分ごとの位相関係の違いにより，時間変動がまったく異なる．しかし，光ファイバを伝送させると，これらが互いに変換されたり，両方の要素を含む信号に変化することがある．この現象は，1.2.4 項で述べたように，分散とよばれている．光ファイバは光信号の光周波数 (波長) により伝搬に要する遅延がわずかに異なる性質をもつ．長距離伝搬させるとサイドバンド成分ごとに光位相にずれが生じる．これにより，送信側で位相がそろった状態で生成された -1 次，0 次，$+1$ 次の 3 つの成分の位相関係に変化が生じ，特定の距離では -1 次成分の符号が反転し，強度変化がゼロになることがある．この現象は周波数成分ごとに起きるため，周波数軸で広がりのある情報伝送に用いられる波形を転送する場合には，受信側における波形の劣化の原因となり，長距離伝送システムに分散の補償は重要な課題である．伝搬に用いるファイバと逆の分散特性をもつ光部品を挿入する [12, 13, 14]，受信側で分散の逆過程を信号処理で実現するなどの手法がとられる [19, 20, 21]．

5.1.2 ヌルバイアス

式 (4.115) において，$\Delta B = \pi/2 \ (\phi_B = \pi)$ とすると，

$$R = \frac{e^{i\omega_0 t}}{2} \sum_{n=-\infty}^{\infty} e^{in\omega_m t + in\tilde{\phi}} \left[J_n(A+\alpha_A)\left(1+\frac{\eta}{2}\right) - J_n(-A+\alpha_A)\left(1-\frac{\eta}{2}\right) \right]$$

(5.20)

とかける．スキュー ϕ がゼロ，$\phi_1 = \phi_2 = \tilde{\phi}$ であるとした．また，簡単化のた

5.1 様々なバイアス条件における両側波帯変調

めに $B_1 = 0\,(B = -\pi/2)$ として，第一項の符号が正となるようにした．光信号全体の絶対位相にのみかかわる項であるので，一般性は失わない．

ヌルバイアスでのサイドバンド振幅 $D_{n\mathrm{N}}$ は，

$$D_{n\mathrm{N}} = \frac{1}{2}\left| J_n(A + \alpha_\mathrm{A})\left(1 + \frac{\eta}{2}\right) - (-1)^n J_n(A - \alpha_\mathrm{A})\left(1 - \frac{\eta}{2}\right)\right| \quad (5.21)$$

となる．$|\eta|,\ |\alpha_\mathrm{A}/A| \ll 1$ として，これらの 2 次以上の項を無視すると，

$$\begin{aligned}
D_{n\mathrm{N}} &= \frac{1}{2}\left|[1-(-1)^n]J_n(A) + [1+(-1)^n]\left[\alpha_\mathrm{A} J'_n(A) + \frac{\eta}{2}J_n(A)\right]\right| \\
&= \begin{cases} |J_n(A)| & (n = 2m+1) \\ \left|\alpha_\mathrm{A} J'_n(A) + \dfrac{\eta}{2} J_n(A)\right| & (n = 2m) \end{cases}
\end{aligned} \quad (5.22)$$

となる．ここで m は整数で，$D_{n\mathrm{N}}$ は奇数次のときに n 次ベッセル関数と等しく，η と α_A に関する 1 次までの近似でこれらの影響を含まない．偶数次成分は変調器内部の光強度バランスのずれ η，変調作用バランスのずれ α_A の効果の和となっている．$\eta = 0$ かつ $\alpha_\mathrm{A} = 0$ のときに $D_{n\mathrm{N}} = 0$ となり，奇数次成分のみからなる光出力がえられる．0 次成分が抑圧されているので DSB-SC 変調であるが，実際の MZ 変調器では有限の α_A, η により偶数次サイドバンドに残留成分をもつ．

バランスのとれた MZ 変調器の場合の出力 R をかき下すと，式 (4.131) より

$$\begin{aligned}
R = \mathrm{i}\mathrm{e}^{\mathrm{i}\omega_0 t}\mathrm{e}^{\mathrm{i}B}\Big[&\cdots + J_{-3}(A)\mathrm{e}^{-3\mathrm{i}(\omega_\mathrm{m} t + \widetilde{\phi})} + J_{-1}(A)\mathrm{e}^{-\mathrm{i}(\omega_\mathrm{m} t + \widetilde{\phi})} \\
&+ J_1(A)\mathrm{e}^{\mathrm{i}(\omega_\mathrm{m} t + \widetilde{\phi})} + J_3(A)\mathrm{e}^{3\mathrm{i}(\omega_\mathrm{m} t + \widetilde{\phi})} + \cdots \Big]
\end{aligned} \quad (5.23)$$

$$= 2\mathrm{i}\sum_{n=1}^{\infty} J_{2n-1}(A)\sin[(2n-1)(\omega_\mathrm{m} t + \widetilde{\phi})] \quad (5.24)$$

となる．式 (4.12) を適用して，A に関して 3 次以上の項を無視 (2 次以上のサイドバンド成分を無視) すると，

$$\begin{aligned}
|R|^2 &\simeq 4J_1^2(A)\sin^2(\omega_\mathrm{m} t + \widetilde{\phi}) \\
&\simeq A^2 \frac{1 - \cos 2(\omega_\mathrm{m} t + \widetilde{\phi})}{2}
\end{aligned} \quad (5.25)$$

となり，変調信号の 2 倍の周波数で強度が変化する強度変調信号がえられていることがわかる．

また，式 (5.23) と式 (4.58), (4.59) を比較すると，MZ 変調器のヌルバイアス

条件での出力光スペクトルは位相変調によるスペクトルから奇数次サイドバンド成分のみを抜き出したものと同等であることがわかる。

偶数次の残留成分に関して

$$\eta = -\frac{2\alpha_A J_n'(A)}{J_n(A)} \qquad (5.26)$$

が成り立つときに $D_{nN} = 0$ となる。ここで，$J_n(A) \neq 0$ とした。$J_n(A) = 0$ のとき，D_{nN} は η に依存しない。一方，$J_n'(A) = 0$ のときは，D_{nN} は α_A に依存しない。

式 (5.26) の条件を用いて，0 次成分を抑圧する場合を考える。

$$D_{0N} = \frac{1}{2}\left| J_0(A+\alpha_A)\left(1+\frac{\eta}{2}\right) - J_0(A-\alpha_A)\left(1-\frac{\eta}{2}\right)\right| \qquad (5.27)$$

となり，上述のとおり α_A, η ともにゼロとなる場合にゼロとなる。これは，光強度バランス，変調強度バランスともに完全にとれている場合に，0 次成分を完全に抑圧できることを表す。一方で，

$$\eta = \frac{2\left[-J_0(A+\alpha_A) + J_0(A-\alpha_A)\right]}{J_0(A+\alpha_A) + J_0(A-\alpha_A)} \qquad (5.28)$$

$$\simeq -2\alpha_A \frac{J_0'(A)}{J_0(A)} \qquad (5.29)$$

が成り立つ場合にも，0 次成分はゼロとなる。これは，光強度アンバランスによる残留成分と変調強度アンバランスによる残留成分が互いにキャンセルし合う条件を意味している。この条件が成り立つように調整されている場合，式 (5.21) の 2 次項に式 (5.28) を代入すると，

$$D_{2N} = \frac{1}{2}\Big| J_2(A+\alpha_A) - J_2(A-\alpha_A)$$
$$+ \frac{-J_0(A+\alpha_A) + J_0(A-\alpha_A)}{J_0(A+\alpha_A) + J_0(A-\alpha_A)}\{J_2(A+\alpha_A) + J_2(A-\alpha_A)\}\Big| \qquad (5.30)$$

$$\simeq \left|\alpha_A\left(J_2'(A) - J_0'(A)\frac{J_2(A)}{J_0(A)}\right)\right| \qquad (5.31)$$

となる。ベッセル関数の微分公式

$$J_0'(A) = -J_1(A) \qquad (5.32)$$

$$J_2'(A) = J_1(A) - \frac{2J_2(A)}{A} \qquad (5.33)$$

5.1 様々なバイアス条件における両側波帯変調

を用いると，

$$\frac{D_{2\mathrm{N}}}{D_{1\mathrm{N}}} = \alpha_0 \left[A - 2\frac{J_2(A)}{J_1(A)} + A\frac{J_2(A)}{J_0(A)} \right] \tag{5.34}$$

となり，2次成分の振幅がチャープパラメータ α_0 に比例することがわかる。これにより α_0 が未知で，η が可変であれば，変調強度アンバランスに依存する α_0 を確定することができる [49]。

図 5.5 に示すような MZ 干渉計の各導波路に，さらに強度バランス補正用の MZ 変調器をもつ変調器を考える。強度補正用の MZ 変調器のバイアス電圧を調整し，製造誤差などにアンバランスを補正するトリマーとして用いる。また，所定のアンバランスをもつ状態に調整することも可能である。この機構により，光強度アンバランス η を高精度に制御することができる。また，メインの MZ 干渉計に印加する変調信号は 2 つの光位相変調器に個別に印加する構成であるので，外部回路により変調強度アンバランス α_0 の調整が可能である。これらを同時に制御することで消光比向上，チャープパラメータの極小化が達成できる。この変調器では η, α_0，さらにはスキュー $\phi_1 - \phi_2$ の個別制御が可能である。η, α_0 はともにバランスした理想的な変調器では抑圧されるべき不要なスペクトル成分発生と関連があるが，式 (5.26) に示すように，η による効果と α_0 による効果が打ち消し合い，不要成分を抑圧することが可能である。

上述の変調器を用いて，不要サイドバンド成分の発生がきわめて小さい DSB-SC 変調を実現した例を取り上げる [49]。ヌルバイアス条件動作で，偶数次成分を大きく抑圧し，変調の大きさを適切に設定することで，±1 次のサイド

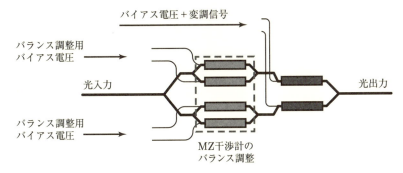

図 5.5　バランス補正機能付き MZ 変調器

138   5. 両側波帯変調と単側波帯変調

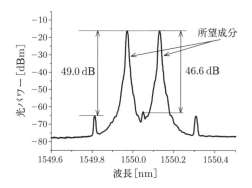

図 5.6 高精度にバランス調整された MZ 変調器による DSB-SC 信号スペクトル

バンドからのみなる光信号を発生する方法であり，基準信号配信や計測用途などで幅広い応用分野がある．しかし，従来の変調器では，製造誤差に起因する不要成分 (0 次や 2 次など) の発生が課題となっていた．変調周波数 10.5 GHz で，ヌルバイアス点動作により，周波数間隔 21 GHz の DSB-SC 信号を発生させた．図 5.6 に示すように，高消光比 (η がほぼゼロ)，低チャープ (α_0 がほぼゼロ) により不要成分がほぼ抑圧 (抑圧比 46.8 dB) されていることがわかる．0 次成分の強度から消光比 66 dB と見積もられる．2 次成分と 1 次成分の強度比から，式 (5.34) を用いて $|\alpha_0| < 0.01$ と算出される．図 5.7 は外部電気回路の調整により α_0 を変化させ，η の調整により 0 次成分を最小化した場合の光スペ

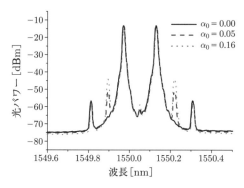

図 5.7 チャープパラメータとスペクトルの関係

5.1 様々なバイアス条件における両側波帯変調

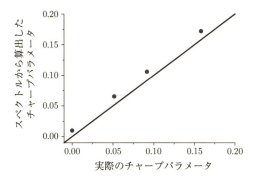

図 5.8 スペクトルから求めたチャープパラメータ

クトルである。α_0 の増大とともに不要な 2 次成分の強度が増大していることがわかる。逆に，これらの光スペクトルから，α_0 を求めることができる。図 5.8 にその結果を示す。測定結果と実際の値がよく一致していることがわかる。このように光変調器で発生したサイドバンド成分の強度から，変調器内部の構造を表すパラメータである α_0 や η を正確に推定することが可能であることがわかる。サイドバンドから変調器性能を評価する各種の手法については 6.1 節で詳細に紹介する。

5.1.3 フルバイアス

式 (4.115) において，$\Delta B = 0$ ($\phi_B = 0$) とすると，MZ 変調器の出力光は，前節と同様にして，

$$R = \frac{e^{i\omega_0 t + iB_2}}{2} \sum_{n=-\infty}^{\infty} e^{in\omega_m t + i\phi_2} \left[J_n(A + \alpha_A)\left(1 + \frac{\eta}{2}\right) + J_n(-A + \alpha_A)\left(1 - \frac{\eta}{2}\right) \right] \tag{5.35}$$

となる。フルバイアスでのサイドバンド振幅 D_{nF} は，

$$D_{nF} = \frac{1}{2} \left| J_n(A + \alpha_A)\left(1 + \frac{\eta}{2}\right) + (-1)^n J_n(A - \alpha_A)\left(1 - \frac{\eta}{2}\right) \right| \tag{5.36}$$

となる。

$|\eta|, |\alpha_A/A| \ll 1$ として，これらの 2 次以上の項を無視すると，

$$D_{nF} = \frac{1}{2} \left| [1 + (-1)^n] J_n(A) + [1 - (-1)^n] \left[\alpha_A J_n'(A) + \frac{\eta}{2} J_n(A) \right] \right|$$

$$= \begin{cases} |J_n(A)| & (n = 2m) \\ \left| \alpha_A J_n'(A) + \dfrac{\eta}{2} J_n(A) \right| & (n = 2m+1) \end{cases} \quad (5.37)$$

となる．ヌルバイアスの場合と逆に，偶数次の D_{nN} は n 次ベッセル関数と等しく，奇数次成分は η と α_A の効果の和となっている．$\eta = 0$ かつ $\alpha_A = 0$ のときに $D_{nF} = 0$ となり，偶数次成分のみからなる光出力がえられる．1次成分が抑圧されているが，2次の USB と LSB が等しい大きさで存在し，0次成分ももつので，DSB+C 変調である．ヌルバイアスのときと同じく有限の α_A, η により1次サイドバンドをはじめとする奇数次サイドバンドに残留成分をもつ．

前節と同様にして，バランスのとれた MZ 変調器の場合の出力 R をかくと，

$$R = e^{i\omega_0 t} \left[\cdots + J_{-2}(A) e^{-2i(\omega_m t + \widetilde{\phi})} + J_0(A) + J_2(A) e^{2i(\omega_m t + \widetilde{\phi})} + \cdots \right] \tag{5.38}$$

$$= e^{i\omega_0 t} \left[J_0(A) + 2 \sum_{n=1}^{\infty} J_{2n}(A) \cos[2n(\omega_m t + \widetilde{\phi})] \right] \tag{5.39}$$

となる．ここで，$B = 0$ とした．式 (4.13), (4.16) を適用して，A に関して3次以上の項を無視 (3次以上のサイドバンド成分を無視) すると，

$$|R|^2 \simeq J_0^2(A) + 4 J_0(A) J_2(A) \cos[2n(\omega_m t + \widetilde{\phi})]$$

$$\simeq 1 - \frac{A^2}{4} + \frac{A^2}{2} \cos[2n(\omega_m t + \widetilde{\phi})] \tag{5.40}$$

となり，ヌルバイアス条件のときと同じく変調信号の2倍の周波数で強度が変化する．また，この強度変動成分の大きさはヌルバイアスのときと等しい．平均的な光出力の相当する直流成分は，ヌルバイアスの場合 $A^2/2$ であったのに対して，フルバイアスの場合 $1 - A^2/4$ であるという点が異なる．

ヌルバイアスにおいて，0次成分を抑圧した手法と同様にして，フルバイアス条件のときの1次成分をゼロにする条件について考える．1次サイドバンドの振幅は

$$D_{1F} = \frac{1}{2} \left[J_1(A + \alpha_A) \left(1 + \frac{\eta}{2} \right) - J_1(A - \alpha_A) \left(1 - \frac{\eta}{2} \right) \right] \tag{5.41}$$

となり，ヌルバイアス条件での0次成分のときと同様に，α_A, η ともにゼロとなる場合にゼロとなる．

$$\eta = \frac{2 \left[-J_1(A + \alpha_A) + J_1(A - \alpha_A) \right]}{J_1(A + \alpha_A) + J_1(A - \alpha_A)} \tag{5.42}$$

5.2 単側波帯変調の原理と光周波数シフト

$$\simeq -2\alpha_A \frac{J_1'(A)}{J_1(A)} \tag{5.43}$$

が成り立つ場合に，1次成分はゼロとなり，完全にバランスがとれている場合のみならず，光強度アンバランスによる残留成分と変調強度アンバランスによる残留成分が互いにキャンセルし合う条件が存在することを意味している．この条件が成り立つように調整されている場合，式 (5.36) の 3 次項に式 (5.42) を代入すると，

$$D_{3F} = \frac{1}{2}\Big[J_3(A+\alpha_A) - J_3(A-\alpha_A)$$
$$+ \frac{-J_1(A+\alpha_A)+J_1(A-\alpha_A)}{J_1(A+\alpha_A)+J_1(A-\alpha_A)}\{J_3(A+\alpha_A)+J_3(A-\alpha_A)\}\Big] \tag{5.44}$$

$$\simeq \alpha_A \left(J_3'(A) - J_1'(A)\frac{J_3(A)}{J_1(A)}\right) \tag{5.45}$$

となる．

$$\frac{D_{3F}}{D_{2F}} = \alpha_0 \left[A - 2\frac{J_3(A)}{J_2(A)} - A\frac{J_0(A)J_3(A)}{J_1(A)J_2(A)}\right] \tag{5.46}$$

となり，3 次成分の振幅がチャープパラメータ α_0 に比例する．ヌルバイアスと同様に α_0 を確定することができる．ここで

$$J_3'(A) = J_2(A) - \frac{3J_3(A)}{A}, \qquad J_1'(A) = J_0(A) - \frac{J_1(A)}{A}$$

を用いた．

5.2 単側波帯変調の原理と光周波数シフト

2 つの位相変調器に印加する変調信号の間に位相差 (スキュー) がある場合，上側波帯 (USB) と下側波帯 (LSB) の強度にアンバランスが生じる．これを積極的に用いて，USB または LSB のみからなる光信号がえられる．このような変調方式を**単側波帯 (SSB) 変調**とよぶ．

まず，2 つの位相変調器からなる一般的な MZ 変調器で SSB 信号を発生する原理を紹介する．このとき出力光は USB または LSB と搬送波からなるので，**SSB+C 信号**とよばれる．さらに搬送波を抑圧して SSB-SC (SSB-SC:

Single-Sideband Suppressed Carrier) 信号をえるためには，2 つの MZ 変調器を集積した並列 MZ 変調器を用いる必要がある．SSB-SC 信号は高次サイドバンド成分が無視できるとすると，1 つのサイドバンド成分のみからなる．よって，入力光のスペクトル形状を変化させずに，光周波数のみをシフトさせる機能をもつことになる．

5.2.1 単一のマッハツェンダー変調器による単側波帯変調

ここでは，バランスのとれた MZ 変調器を考え，$\alpha_0 = 0, \eta = 0$ であるとして，式 (4.136) を用いて 1 次の USB (+1 次サイドバンド) がゼロになる条件を求める．

$$P_1 = \frac{J_1^2(A)}{2}[-\cos(\phi_B + \phi) + 1] \tag{5.47}$$

であるので，$P_1 = 0$ となるのは

$$\phi_B + \phi = 0 \tag{5.48}$$

が成り立つときであることがわかる．このとき，P_{-1} は

$$\begin{aligned}P_{-1} &= \frac{J_1^2(A)}{2}[-\cos(\phi_B - \phi) + 1] \\ &= \frac{J_1^2(A)}{2}[-\cos 2\phi_B + 1] \\ &= J_1^2(A)\sin^2\phi_B \end{aligned} \tag{5.49}$$

となるので，$-\pi < \phi_B \leq \pi$ とすると，$\phi_B = \pm\pi/2$ のとき 1 次の LSB が最大となる．一方，$\phi_B = 0, \pi$ のとき最小 ($P_{-1} = 0$) となる．$\phi_B = 0$ はフルバイアス条件に相当し，±1 次成分がともにゼロになる．$\phi_B = \pi$ はヌルバイアス条件でかつ，変調信号が逆相の場合を意味するが，プッシュプル動作を基準に位相 ϕ を定義していたので，2 つの位相変調器にまったく同じ信号を印加していることに相当する．光位相は逆相なので合波するときに同じ信号を減算することとなり，すべてのサイドバンド成分がゼロとなる．これらの条件は USB, LSB ともにゼロにするものなので，議論からは除く．

同様にして，1 次 LSB がゼロとなる条件は，$\phi_B - \phi = 0$ であることがわかる．P_1 は

$$P_1 = J_1^2(A)\sin^2\phi_B \tag{5.50}$$

5.2 単側波帯変調の原理と光周波数シフト

であたえられ，$\phi_B = \pm\pi/2$ のときに 1 次 USB が最大となる．いずれの場合も，搬送波の大きさは

$$P_0 = J_1^2(A)\cos^2\frac{\phi_B}{2} \tag{5.51}$$

であたえられ，出力光は搬送波をもつので，SSB+C 信号である．

よって，所望信号が 1 次 LSB とする場合，$(\phi_B, \phi) = (+\pi/2, -\pi/2)$，または，$(\phi_B, \phi) = (-\pi/2, +\pi/2)$ が所望信号を最大として，不要信号を抑圧する条件となる．所望信号が 1 次 USB の場合は，$(\phi_B, \phi) = (+\pi/2, +\pi/2)$，または，$(\phi_B, \phi) = (-\pi/2, -\pi/2)$ が最適な SSB 変調を実現する条件である．

ここで，直交バイアス条件 $\phi_B = \pi/2$ $(B = 0)$ として，出力光を式 (4.134) を用いてかき下すと，$\phi = \pi/2$ のとき，

$$\begin{aligned}
R &= \frac{e^{i\omega_0 t - i\pi/4}}{2}\sum_{n=-\infty}^{\infty} J_n(A) e^{in\omega_m t - in\pi/4}\left[e^{i\pi/2} e^{in\pi/2} + (-1)^n\right] \\
&= \frac{e^{i\omega_0 t}}{2}\sum_{n=-\infty}^{\infty} J_n(A) e^{in\omega_m t + in\pi/2}\left[e^{i\pi/4} e^{-in\pi/4} + e^{-i\pi/4} e^{in\pi/4}\right] \\
&= e^{i\omega_0 t}\sum_{n=-\infty}^{\infty} e^{in\omega_m t} J_n(A)\, i^n \cos\frac{(n-1)\pi}{4}
\end{aligned} \tag{5.52}$$

となる．さらに，各成分ごとにかくと

$$\begin{aligned}
R = e^{i\omega_0 t}\Big[&\cdots + i^{-3} e^{-3i\omega_m t} J_{-3}(A)\cos(-\pi) \\
&+ i^{-2} e^{-2i\omega_m t} J_{-2}(A)\cos\left(-\frac{3}{4}\pi\right) + i^{-1} e^{-i\omega_m t} J_{-1}(A)\cos\left(-\frac{1}{2}\pi\right) \\
&+ J_0(A)\cos\left(-\frac{1}{4}\pi\right) + i e^{i\omega_m t} J_1(A)\cos(0) \\
&+ i^2 e^{2i\omega_m t} J_2(A)\cos\left(\frac{1}{4}\pi\right) + i^3 e^{3i\omega_m t} J_3(A)\cos\left(\frac{1}{2}\pi\right) + \cdots\Big]
\end{aligned} \tag{5.53}$$

$$\begin{aligned}
= e^{i\omega_0 t}\Big[&\cdots + i e^{-3i\omega_m t} J_3(A) + \frac{1}{\sqrt{2}} e^{-2i\omega_m t} J_2(A) + \frac{1}{\sqrt{2}} J_0(A) \\
&+ i e^{i\omega_m t} J_1(A) - \frac{1}{\sqrt{2}} e^{2i\omega_m t} J_2(A) + \cdots\Big]
\end{aligned} \tag{5.54}$$

$$\simeq e^{i\omega_0 t}\left[\frac{1}{\sqrt{2}} J_0(A) + i e^{i\omega_m t} J_1(A)\right] \tag{5.55}$$

となる．ここで，変調信号の 1/4 周期分ずらした時刻 $t' = t + \pi/2\omega_m$ を用い

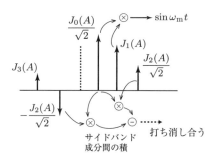

図 5.9　MZ 変調器による SSB 変調

ると,

$$R = e^{i\omega_0 t' - i\frac{\pi \omega_0}{2\omega_m}} \Big[\cdots + e^{-3i\omega_m t'} J_3(A) - \frac{1}{\sqrt{2}} e^{-2i\omega_m t'} J_2(A) + \frac{1}{\sqrt{2}} J_0(A)$$
$$+ e^{i\omega_m t'} J_1(A) + \frac{1}{\sqrt{2}} e^{2i\omega_m t'} J_2(A) + \cdots \Big] \quad (5.56)$$

$$\simeq e^{i\omega_0 t' - i\frac{\pi \omega_0}{2\omega_m}} \Big[\frac{1}{\sqrt{2}} J_0(A) + e^{i\omega_m t'} J_1(A) \Big] \quad (5.57)$$

となる．図 5.9 に 3 次以下のスペクトル成分を示した．所望信号の振幅 D_1 は $J_1(A)$, 搬送波の振幅 D_0 は $J_0(A)/\sqrt{2}$ である．一方, $D_{-1} = 0$ となることがわかる．2 次成分の振幅は USB, LSB とも $D_{\pm 2} = J_2(A)/\sqrt{2}$ である．0 次成分と +1 次成分 (1 次 USB) からなる SSB+C 信号で, 主な不要成分として ±2 次サイドバンドと, −3 次サイドバンドを含む．

出力光の強度 $|R|^2$ は $J_1(A)$ までで近似すると, ともに,

$$|R|^2 = \frac{J_0^2(A)}{2} + J_1^2(A) - \sqrt{2} J_0(A) J_1(A) \sin \omega_m t \quad (5.58)$$

となり, 変調信号に比例して変化する成分をもつ．スキューがゼロの直交バイアス条件でえられた DSB+C 信号と同様の強度変調信号であることがわかる．SSB+C 信号の周波数軸での信号の広がりは DSB+C 信号の半分程度であるので, ファイバ伝搬中の分散の影響を受けにくいという特徴がある．また, ±2 次のサイドバンド成分の効果を考慮したとしても位相変調のときと同様に 0 次成分と +2 次成分の積が, 0 次成分と −2 次成分の積と打ち消し合い, 強度変化をあたえないという性質がある．

5.2 単側波帯変調の原理と光周波数シフト

同様にして，$\phi = -\pi/2$ のときは

$$R = \mathrm{e}^{\mathrm{i}\omega_0 t} \sum_{n=-\infty}^{\infty} \mathrm{e}^{\mathrm{i}n\omega_\mathrm{m} t} J_n(A)\,\mathrm{i}^{-n} \cos\frac{(n+1)\pi}{4} \tag{5.59}$$

$$= \mathrm{e}^{\mathrm{i}\omega_0 t} \left[\cdots + \mathrm{i}^3 \mathrm{e}^{-3\mathrm{i}\omega_\mathrm{m} t} J_{-3}(A) \cos\left(-\frac{1}{2}\pi\right) \right.$$

$$+ \mathrm{i}^2 \mathrm{e}^{-2\mathrm{i}\omega_\mathrm{m} t} J_{-2}(A) \cos\left(-\frac{1}{4}\pi\right) + \mathrm{i}\mathrm{e}^{-\mathrm{i}\omega_\mathrm{m} t} J_{-1}(A) \cos(0)$$

$$+ J_0(A) \cos\left(\frac{1}{4}\pi\right) + \mathrm{i}^{-1} \mathrm{e}^{\mathrm{i}\omega_\mathrm{m} t} J_1(A) \cos\left(\frac{1}{2}\pi\right)$$

$$\left. + \mathrm{i}^{-2} \mathrm{e}^{2\mathrm{i}\omega_\mathrm{m} t} J_2(A) \cos\left(\frac{3}{4}\pi\right) + \mathrm{i}^{-3} \mathrm{e}^{3\mathrm{i}\omega_\mathrm{m} t} J_3(A) \cos(\pi) + \cdots \right]$$

$$= \mathrm{e}^{\mathrm{i}\omega_0 t} \left[\cdots - \frac{1}{\sqrt{2}} \mathrm{e}^{-2\mathrm{i}\omega_\mathrm{m} t} J_2(A) - \mathrm{i}\mathrm{e}^{-\mathrm{i}\omega_\mathrm{m} t} J_1(A) + \frac{1}{\sqrt{2}} J_0(A) \right.$$

$$\left. + \frac{1}{\sqrt{2}} \mathrm{e}^{2\mathrm{i}\omega_\mathrm{m} t} J_2(A) - \mathrm{i}\mathrm{e}^{-3\mathrm{i}\omega_\mathrm{m} t} J_3(A) + \cdots \right] \tag{5.60}$$

$$\simeq \mathrm{e}^{\mathrm{i}\omega_0 t} \left[\frac{1}{\sqrt{2}} J_0(A) - \mathrm{i}\mathrm{e}^{-\mathrm{i}\omega_\mathrm{m} t} J_1(A) \right] \tag{5.61}$$

が成り立つ．このときは，$D_{-1} = J_1(A)$, $D_1 = 0$ となる．

$n' = -n$ を用いてかき換えると

$$R = \mathrm{e}^{\mathrm{i}\omega_0 t} \sum_{n'=-\infty}^{\infty} \mathrm{e}^{-\mathrm{i}n'\omega_\mathrm{m} t} J_{-n'}(A)\,\mathrm{i}^{n'} \cos\frac{(n'-1)\pi}{4} \tag{5.62}$$

とかける．式 (5.52) と比較すると，$\phi = \pi/2$ の場合と $\phi = -\pi/2$ の場合では，n を n' と読み替えると同じスペクトル形状をもつことがわかる．これは，両者が，0 次成分に対して反転，つまり，USB と LSB を互いに入れ替えたものとなっていることを意味している．

5.2.2 2 並列マッハツェンダー変調器による搬送波抑圧単側波帯変調

前項で述べたように，直交バイアス条件 $\phi_\mathrm{B} = \pm\pi/2$ でスキュー $\phi = \pm\pi/2$ とすると，USB または LSB の一方を抑圧し他方を最大化することが可能であるが，搬送波成分は残留する．ここでは，一方のサイドバンドとともに，搬送波を抑圧する手法について説明する．

MZ 変調器をヌルバイアス条件で動作させると，式 (5.23) に示したとおり，位相変調器と同様のサイドバンド成分から，偶数次成分を除いたものがえられ

る。この原理を用いて，2つの MZ 変調器をともにヌルバイアス条件として，奇数次成分のみからなる 2 つの光信号を合波させることで，搬送波抑圧単側波帯 (SSB-SC) 変調が可能となる。

2つの MZ 変調器に $\pi/2$ の位相差をもつ正弦波信号を印加して，それぞれからの光出力の間に $\pi/2$ の位相差をもたせると，前節で説明した動作原理で，1次 USB または 1 次 LSB を抑圧することができる[*)]。ヌルバイアス状態では各 MZ 変調器ですでに 0 次，2 次を含む偶数次成分はすべて抑圧されているので，3 次以上の高次サイドバンド成分を無視すると，出力光は 1 次 USB または 1 次 LSB のみをもつことになる。

バイアス $\phi_B = \pi/2$ とすると，スキュー $\phi = +\pi/2$ の場合，式 (5.54) より偶数次成分を除くと，出力光 R は

$$R = e^{i\omega_0 t}\left[\cdots + ie^{-3i\omega_m t}J_3(A) + ie^{i\omega_m t}J_1(A) + \cdots\right] \quad (5.63)$$

$$\simeq ie^{i(\omega_0+\omega_m)t}J_1(A) \quad (5.64)$$

であたえられることがわかる。同様に式 (5.60) から偶数次成分を除くと，スキュー $\phi = -\pi/2$ の場合の出力光 R

$$R = e^{i\omega_0 t}\left[\cdots - ie^{-i\omega_m t}J_1(A) - ie^{-3i\omega_m t}J_3(A) + \cdots\right] \quad (5.65)$$

$$\simeq -ie^{i(\omega_0-\omega_m)t}J_1(A) \quad (5.66)$$

がえられる。いずれの場合にも，出力光は入力光と同様に 1 つの周波数成分のみをもち，光周波数に変調信号の周波数分だけシフトが生じることがわかる。4.2.2 項で議論した光位相変調の入力光に対する線形性より，入力光が複雑な波形をもつ場合にも，SSB-SC 変調では，光周波数がシフトするだけで，スペクトル全体の形状は変化せず，時間軸でみた波形も維持される。これは，すでに何らかの情報で変調された光信号の光周波数のみを調整する必要がある場合に有用である。

バイアス ϕ_B が $-\pi/2$ の場合も同様に議論すると，(ϕ_B, ϕ) が $(\pi/2, \pi/2)$ または $(-\pi/2, -\pi/2)$ のときに 1 次 USB が発生し，光周波数が増加する方向の周波数シフトがえられることがわかる。一方，(ϕ_B, ϕ) が $(\pi/2, -\pi/2)$ または

[*)] スキュー ϕ は MZ 変調器のプッシュプル動作 (変調信号が逆相) を基準としているので，2つの変調器に加える変調信号の実際の位相差は $\phi + \pi$ となる。

5.2 単側波帯変調の原理と光周波数シフト

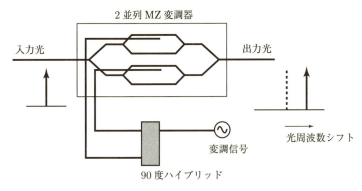

図 5.10　90 度ハイブリッドと 2 並列 MZ 変調器を用いた SSB-SC 変調の構成

$(-\pi/2, \pi/2)$ のときに 1 次 LSB が発生し，光周波数が増加する方向の周波数シフトとなる．つまり，周波数シフトの方向は光位相 (バイアス) もしくは変調信号の位相差 (スキュー) の符号を変えることで，選択できることがわかる．

90 度ハイブリッドカプラーを用いることで，図 5.10 に示す構成で，90 度位相差をもつ正弦波信号のペアを発生させることができるので，これを用いて，上記の SSB 変調が可能となる．しかし，この位相差を高速かつ高精度に制御するのは一般に容易ではない．一方，光位相差は光位相変調器であたえられるので，高速制御が容易である．これにより，USB と LSB の切り替えにはバイアス ϕ_B を変化させることが一般的である [56]．

以下では図 5.11 に示すような，2 並列 MZ 変調器に 2 つの 90 度の位相差をもった正弦波信号のペア $\cos\omega_m t$ と $\sin\omega_m t$ とを印加した場合を考える．X カッ

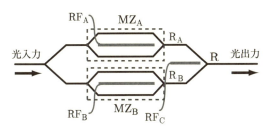

図 5.11　2 並列 MZ 変調器

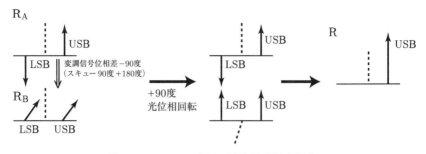

図 5.12　SSB-SC 変調の原理 (上側波帯発生)

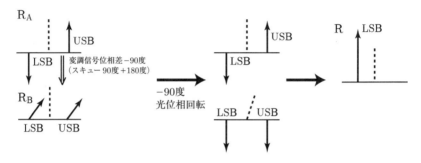

図 5.13　SSB-SC 変調の原理 (下側波帯発生)

ト LN 基板上に形成された二組の MZ 干渉計 (MZ_A, MZ_B) からなり，それぞれ電極 RF_A, RF_B が設けられている．これらの 2 つの電極 (RF_A, RF_B) に互いに 90 度位相のずれた正弦波 RF 信号を入力する．各 MZ 干渉計はヌルバイアスに設定する．MZ_A, MZ_B の出力点 (R_A, R_B) では USB と LSB がえられる．図 5.12, 5.13 に，変調器内部での各点での光スペクトルを示した．電極 RF_C に印加する電圧で MZ_A, MZ_B の出力光の位相関係を調整することができる．図 5.12 では R 点で LSB が干渉で抑圧され，USB のみが出力として取り出される．図 5.13 では逆に USB が抑圧され，LSB のみが出力として取り出される．サイドバンド (USB, LSB) の切り替えは電極 RF_C に印加する電圧を変化させることで実現できる．切り替えに要する時間は RF_C で構成される位相変調部分の応答速度に依存するが，進行波電極を用いることで周波数帯域数 10 GHz 程度まで動作可能な FSK 変調器を実現することが可能である [24, 56]．

　以下で出力光スペクトルの数学的表現をあたえる．電極 RF_A に供給す

5.2 単側波帯変調の原理と光周波数シフト

る周波数 f_m の RF 信号による $\mathrm{MZ_A}$ の各光位相変調器での光位相の変化を $A_\mathrm{m}\cos\omega_\mathrm{m}t$ とする。ここで $\omega_\mathrm{m}=2\pi f_\mathrm{m}$ である。同様に，$\mathrm{MZ_B}$ での光位相の変化を $A_\mathrm{m}\sin\omega_\mathrm{m}t$ とする。2 つの MZ 構造 $(\mathrm{MZ_A,MZ_B})$ の出力光はそれぞれ

$$R_\mathrm{A}=\frac{1}{2\sqrt{2}}\left[\mathrm{e}^{\mathrm{i}(\omega_0t+A_\mathrm{m}\cos\omega_\mathrm{m}t)}-\mathrm{e}^{\mathrm{i}(\omega_0t-A_\mathrm{m}\cos\omega_\mathrm{m}t)}\right] \tag{5.67}$$

$$R_\mathrm{B}=\frac{1}{2\sqrt{2}}\left[\mathrm{e}^{\mathrm{i}(\omega_0t+A_\mathrm{m}\sin\omega_\mathrm{m}t)}-\mathrm{e}^{\mathrm{i}(\omega_0t-A_\mathrm{m}\sin\omega_\mathrm{m}t)}\right] \tag{5.68}$$

で表現される。ここでは $R_\mathrm{A}, R_\mathrm{B}$ は点 $\mathrm{R_A, R_B}$ での光信号を表すものとする。R_A は

$$R_\mathrm{A}=\mathrm{i}\frac{\mathrm{e}^{\mathrm{i}\omega_0t}}{\sqrt{2}}\sin(A_\mathrm{m}\cos\omega_\mathrm{m}t) \tag{5.69}$$

$$=\sqrt{2}\,\mathrm{i}\,\mathrm{e}^{\mathrm{i}\omega_0t}\sum_{k=0}^{\infty}(-1)^k J_{2k+1}(A_\mathrm{m})\cos\{(2k+1)\omega_\mathrm{m}t\} \tag{5.70}$$

$$=\frac{\mathrm{i}}{\sqrt{2}}\mathrm{e}^{\mathrm{i}\omega_0t}\sum_{k=0}^{\infty}(-1)^k J_{2k+1}(A_\mathrm{m})\left\{\mathrm{e}^{\mathrm{i}(2k+1)\omega_\mathrm{m}t}+\mathrm{e}^{-\mathrm{i}(2k+1)\omega_\mathrm{m}t}\right\} \tag{5.71}$$

同様に R_B は

$$R_\mathrm{B}=\mathrm{i}\frac{\mathrm{e}^{\mathrm{i}\omega_0t}}{\sqrt{2}}\sin(A_\mathrm{m}\sin\omega_\mathrm{m}t) \tag{5.72}$$

$$=\sqrt{2}\,\mathrm{i}\,\mathrm{e}^{\mathrm{i}\omega_0t}\sum_{k=0}^{\infty}J_{2k+1}(A_\mathrm{m})\sin\{(2k+1)\omega_\mathrm{m}t\} \tag{5.73}$$

$$=\frac{1}{\sqrt{2}}\mathrm{e}^{\mathrm{i}\omega_0t}\sum_{k=0}^{\infty}J_{2k+1}(A_\mathrm{m})\left\{\mathrm{e}^{\mathrm{i}(2k+1)\omega_\mathrm{m}t}-\mathrm{e}^{-\mathrm{i}(2k+1)\omega_\mathrm{m}t}\right\} \tag{5.74}$$

と表すことができる。ここで，式 (4.37), (4.39) を用いた。

電極 $\mathrm{RF_C}$ に印加する電圧により $\mathrm{R_A}$ から R に至る導波路に誘起される光位相変化を $f_\mathrm{FSK}(t)$ とする。同様に，$\mathrm{R_B}$ から R に至る導波路に誘起される光位相変化を $-f_\mathrm{FSK}(t)$ で表すことができる。点 R での導波光は

$$R=\frac{1}{\sqrt{2}}\left[P\times\mathrm{e}^{\mathrm{i}f_\mathrm{FSK}(t)}+Q\times\mathrm{e}^{-\mathrm{i}f_\mathrm{FSK}(t)}\right] \tag{5.75}$$

と表現される。これに式 (5.71), (5.74) を代入すると，

$$R=\frac{\mathrm{e}^{\mathrm{i}\omega_0t}}{2}\sum_{k=0}^{\infty}J_{2k+1}(A_\mathrm{m})\left[\left\{\mathrm{i}\cdot(-1)^k\mathrm{e}^{\mathrm{i}f_\mathrm{FSK}(t)}+\mathrm{e}^{-\mathrm{i}f_\mathrm{FSK}(t)}\right\}\mathrm{e}^{\mathrm{i}(2k+1)\omega_\mathrm{m}t}\right.$$
$$\left.+\left\{\mathrm{i}\cdot(-1)^k\mathrm{e}^{\mathrm{i}f_\mathrm{FSK}(t)}-\mathrm{e}^{-\mathrm{i}f_\mathrm{FSK}(t)}\right\}\mathrm{e}^{-\mathrm{i}(2k+1)\omega_\mathrm{m}t}\right.$$

$$
\begin{aligned}
&= \frac{e^{i[\omega_0 t+\pi/4]}}{2} \sum_{k=0}^{\infty} J_{2k+1}(A_\mathrm{m}) \\
&\quad \times \Big[\big\{(-1)^k e^{i[f_\mathrm{FSK}(t)+\pi/4]} + e^{-i[f_\mathrm{FSK}(t)+\pi/4]}\big\} e^{i(2k+1)\omega_\mathrm{m} t} \\
&\qquad + \big\{(-1)^k e^{i[f_\mathrm{FSK}(t)+\pi/4]} - e^{-i[f_\mathrm{FSK}(t)+\pi/4]}\big\} e^{-i(2k+1)\omega_\mathrm{m} t}\Big] \\
&= e^{i[\omega_0 t+\pi/4]} \sum_{k=0}^{\infty} \Big[J_{4k+1}(A_\mathrm{m}) \big\{\cos[f_\mathrm{FSK}(t)+\pi/4] e^{i(4k+1)\omega_\mathrm{m} t} \\
&\qquad\qquad + i\sin[f_\mathrm{FSK}(t)+\pi/4] e^{-i(4k+1)\omega_\mathrm{m} t}\big\} \\
&\qquad - J_{4k+3}(A_\mathrm{m}) \big\{ i\sin[f_\mathrm{FSK}(t)+\pi/4] e^{i(4k+3)\omega_\mathrm{m} t} \\
&\qquad\qquad + \cos[f_\mathrm{FSK}(t)+\pi/4] e^{-i(4k+3)\omega_\mathrm{m} t}\big\} \Big] \\
&= e^{i[\omega_0 t+\pi/4]} \Big[\cos[f_\mathrm{FSK}(t)+\pi/4] \sum_{k=0}^{\infty}(-1)^k J_{2k+1}(A_\mathrm{m}) e^{i(-1)^k(2k+1)\omega_\mathrm{m} t} \\
&\qquad + i\sin[f_\mathrm{FSK}(t)+\pi/4] \sum_{k=0}^{\infty}(-1)^k J_{2k+1}(A_\mathrm{m}) e^{-i(-1)^k(2k+1)\omega_\mathrm{m} t} \Big] \\
&= e^{i[\omega_0 t+\pi/4]} \Big[\cos[f_\mathrm{FSK}(t)+\pi/4] \big\{ J_1(A_\mathrm{m}) e^{i\omega_\mathrm{m} t} - J_3(A_\mathrm{m}) e^{-i3\omega_\mathrm{m} t} \\
&\qquad\qquad + J_5(A_\mathrm{m}) e^{i5\omega_\mathrm{m} t} - J_7(A_\mathrm{m}) e^{-i7\omega_\mathrm{m} t} + \cdots \big\} \\
&\qquad + i\sin[f_\mathrm{FSK}(t)+\pi/4] \big\{ J_1(A_\mathrm{m}) e^{-i\omega_\mathrm{m} t} - J_3(A_\mathrm{m}) e^{i3\omega_\mathrm{m} t} \\
&\qquad\qquad + J_5(A_\mathrm{m}) e^{-i5\omega_\mathrm{m} t} - J_7(A_\mathrm{m}) e^{i7\omega_\mathrm{m} t} + \cdots \big\} \Big] \quad (5.76)
\end{aligned}
$$

となる．5次以上の高次項の影響は小さく，近似的に

$$
\begin{aligned}
R &= e^{i[\omega_0 t+\pi/4]} \Big[\cos[f_\mathrm{FSK}(t)+\pi/4] \big\{ J_1(A_\mathrm{m}) e^{i\omega_\mathrm{m} t} - J_3(A_\mathrm{m}) e^{-i3\omega_\mathrm{m} t}\big\} \\
&\quad + i\sin[f_\mathrm{FSK}(t)+\pi/4] \big\{ J_1(A_\mathrm{m}) e^{-i\omega_\mathrm{m} t} - J_3(A_\mathrm{m}) e^{i3\omega_\mathrm{m} t}\big\} \Big]
\end{aligned}
$$
(5.77)

と表すことができる．

3次成分の影響が小さいとすると

$$
\begin{aligned}
R &= e^{i[\omega_0 t+\pi/4]} \Big[\cos[f_\mathrm{FSK}(t)+\pi/4] J_1(A_\mathrm{m}) e^{i\omega_\mathrm{m} t} \\
&\quad + i\sin[f_\mathrm{FSK}(t)+\pi/4] J_1(A_\mathrm{m}) e^{-i\omega_\mathrm{m} t} \Big] \quad (5.78)
\end{aligned}
$$

となる．

$f_\mathrm{FSK}(t) = -\pi/4$ のときに USB のみが，逆に $f_\mathrm{FSK}(t) = +\pi/4$ のときに LSB

5.2 単側波帯変調の原理と光周波数シフト

のみが，R点で出力としてえられることがわかる[*]。電極RF_Cに印加する電圧で生じる2つの導波路間での光位相差は$2f_{FSK}(t)$であるので，位相差を$+\pi/2$, $-\pi/2$のどちらかにすることで出力される側帯波を切り替えることができることがわかる．例えば，ベースバンド信号が"1"のときに$f_{FSK}(t) = -\pi/4$, "0"のときに$f_{FSK}(t) = +\pi/4$とすることで光FSK信号の発生が実現できる．

3.1.3項で，ベクトル変調において，実数部と虚数部をそれぞれ$\cos\omega't, \sin\omega't$で変調すると，FSKつまり光周波数のシフトが可能であることを示した．これは，2つのMZ変調器の間の光位相差を90度として，それぞれに90度の位相差をもつ正弦波信号を入力することに相当するので，この項で説明したSSB-SC変調の原理と同じものである．3.1.3項では，フェーザ図上の時間変化で表現していたのに対して，ここでは周波数軸で議論している点が異なる．各サイドバンド成分の大きさや，位相関係を求めるにはベッセル関数による周波数領域での解析を用いたほうが見通しがよい．

ここで，$f_{FSK}(t) = -\pi/4$の場合の3次以下の成分をかき下してみると

$$R = e^{i[\omega_0 t + \pi/4]} \{J_1(A_m)e^{i\omega_m t} - J_3(A_m)e^{-i3\omega_m t}\} \tag{5.79}$$

となる．$f_{FSK}(t) = +\pi/4$の場合も，同様に，

$$R = ie^{i[\omega_0 t + \pi/4]} \{J_1(A_m)e^{-i\omega_m t} - J_3(A_m)e^{i3\omega_m t}\} \tag{5.80}$$

となる．

式(5.63), (5.65)と比較すると，光位相とサイドバンド間の符号関係が異なるが，これは，光入力，変調信号の絶対位相(時間ゼロとなる原点の定義)が異なるために生じているものであり，適宜，式(5.15), (5.57)などと同様にして，位相を設定し直すことで一致させることができる．この項ではSSB-SC変調の動作原理を，式(5.54), (5.60)および式(5.67), (5.68)を用いて説明したが，両者に矛盾がないことがわかる．

3次項$J_3(A_m)$は位相変調の非線形性による歪み成分で，RF_A, RF_Bに3次高調波成分$3f_m$を基本波成分f_mと同時に供給することで抑圧することが可能である．図5.14に示すように，例えば，1次USBが所望成分であるとすると，

---

[*] スキューϕが$+\pi/2$のときにUSBのみ($\phi_B = +\pi/2$)がえられたが，プッシュプル動作を基準としているので$2f_{FSK}(t) = +\pi/2 - \pi$，つまり$f_{FSK}(t) = -\pi/4$が，ここでの議論ではUSB発生の条件となる．

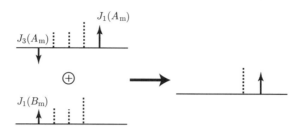

図 5.14 3 倍周波数の変調信号による 3 次サイドバンド発生の抑圧 [56]

3 次 LSB がもっとも低次の不要成分となる。

基本波成分が 90 度の位相差をもつ場合を考えると，3 倍の周波数をもつ成分を -90 度位相差で同時に供給すると，$-3f_m$ 周波数がずれた成分が生じる。この成分の振幅 (B_m) と位相を適宜調整すると，基本波成分の高調波として発生する成分と干渉して弱めることができる [60]。図 5.15 にその実例を示した。光周波数が入力光に対してシフトしていることと，3 次成分がわずかに発生することがわかる。変調周波数 7.5 GHz で，その 3 倍の 22.5 GHz の正弦波信号を同時に変調器に供給している。90 度ハイブリッドは一般に 2 つの入力をもつ。一方から入力すると，2 つの出力から +90 度の位相差をもった信号のペアがえられる。もう一方の入力を用いると，その位相差が -90 度となる。この性質を利用すると，基本波成分に対して，+90 度のスキューをえて，3 倍周波数成分に対しては -90 度の位相差を発生させるという構成が可能となる。

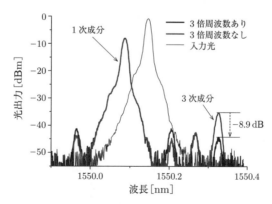

図 5.15 SSB-SC 変調による周波数シフトの実例 [56]

6
光スペクトルを用いた MZ 変調器の評価

　第 4 章，第 5 章では，EO 効果による変調器によりえられる光出力をベッセル関数を用いて表した．これらの数学的表記は実際の LN 変調器が発生するサイドバンド成分の強さをきわめて正確にあたえることが知られている．これは，LN 内部で発生する屈折率変化が正確に電圧に比例しており，電圧変化で発生する吸収率変化が無視できるレベルであることを意味している．

　このような LN デバイスの特徴より，内部構造が未知の変調器の出力光に含まれるサイドバンド成分の比から，変調器の性能を表す重要なパラメータである半波長電圧や固有チャープパラメータなどを正確に求めることができる．本章では，まず，単一の MZ 変調器の各種パラメータを光スペクトルから測定する方法を紹介する．さらに，複数の MZ 干渉計をもつ変調器の測定についても解説する．

6.1　半波長電圧とチャープパラメータの測定

　準静的な変化に対する半波長電圧は，2.3.1 項で示したとおり，MZ 変調器をオン状態からオフ状態に変化させるために必要な電圧として定義されている．式 (4.100) に示したように，$\sin \omega_m t$ に比例する成分をもつ高速で変化する信号を考える．半波長電圧は，変調器に印加した正弦波信号電圧が V_{0p} (ゼロピーク (zero-to-peak) 値)，V_{pp} (ピークピーク (peak-to-peak) 値) であるとすると，

$$V_{\pi \mathrm{MZM(RF)}} = \frac{\pi V_{pp}}{2|A_1 - A_2|} = \frac{\pi V_{0p}}{|A_1 - A_2|} \qquad (6.1)$$

となる．正弦波信号を印加すると 2 つの光位相変調器の間の位相差は変動する

が，その位相差のピーク値を π (180 度) に一致させるのに必要な電圧が半波長電圧の定義となっている．

また，固定チャープパラメータ α_0 も式 (4.108) に示したとおり，A_1, A_2 で表される．以降，区別するために 2.3.1 項で定義した半波長電圧を $V_{\pi\mathrm{MZM(DC)}}$ とする．一般に，電極での損失，速度非整合，高周波回路の不整合などにより $V_{\pi\mathrm{MZM(RF)}}$ は $V_{\pi\mathrm{MZM(DC)}}$ に比べて，増大する傾向にある．また，正弦波信号の周波数にも依存しており，高い周波数域では急激に増大し，変調器の動作可能速度の上限を規定する．

6.1.1 任意のバイアス状態での測定

各サイドバンドの強度 P_n を光スペクトラムアナライザーで測定し，A_1 と A_2 に関する非線形連立方程式をえて，これを解くことで，変調器の性能を表す重要なパラメータである $V_{\pi\mathrm{MZM(RF)}}$, $V_{\pi\mathrm{MZM(DC)}}$, α_0 を求めることができる．さらに，光回路のアンバランス η，スキュー ϕ なども，光スペクトルから算出することが可能である．変調電極に直流電圧が印加できない変調デバイスなどの場合，バイアスによる位相差 ΔB を求める必要があるが，これもあわせてえられる．これら 6 つの未知数を同時に求めるためには 6 つ以上の非線形連立方程式が必要で，一般に解くのは容易でないが，実際の変調器のもつ各パラメータの特徴などに即した測定法がこれまでにも提案されており，以下ではこれらを比較し，さらに，高精度測定の方法について解説する．変調器特性を表す重要なパラメータである半波長電圧，チャープパラメータ算出には誘導位相量 A_1, A_2 が不可欠である．その他のパラメータは変調器の理想からのずれが動作に影響を及ぼす場合に未知数として取り入れるという方針で検討する．

ここでは，光回路のアンバランスが小さく $\eta = 0$，また，スキューの影響も無視して $\phi_1 = \phi_2 = 0$ と仮定する．式 (4.115) より，n 次サイドバンド成分のパワーは

$$P_n = \frac{K^2}{4} \left| J_n(A_1) + J_n(A_2) \mathrm{e}^{-i\phi_\mathrm{B}} \right|^2 \tag{6.2}$$

$$= \frac{K^2}{4} \left[\{J_n(A_1)\}^2 + \{J_n(A_2)\}^2 + 2 J_n(A_1) J_n(A_2) \cos \phi_\mathrm{B} \right] \tag{6.3}$$

となる．変調器の光損失は各サイドバンド成分の大きさに影響を与えるので，ここでは $K = 1$ でない一般の場合も考える．スキューを無視した場合，スペク

6.1 半波長電圧とチャープパラメータの測定

トル強度はキャリア成分 ($n=0$) に対して対称となり，$P_n = P_{-n}$ が成り立つ．原理的には，光スペクトルから複数の P_n を測定し A_1, A_2, ϕ_B を求めることができるが，P_n の絶対値を精度良く測定するのは困難で，サイドバンドの比を利用する方法が提案されている [81]．n 次と m 次のサイドバンドの比として

$$\Lambda_{n,m} \equiv \frac{P_n}{P_m} \tag{6.4}$$

を定義する．

2.3.1 項で述べたように，強度変調，振幅変調を目的とした MZ 変調器では，半波長電圧を低く抑えるためにプッシュプル動作させることが一般的で，この場合，A_1 と A_2 は互いに逆符号をもつ．この場合，$J_n(A) = (-1)^n J_n(-A)$ であるので，式 (6.3) より偶数次成分が $\phi_B = 0$ のとき最大，$\phi_B = \pi$ のとき最小，奇数次成分が $\phi_B = \pi$ のとき最大，$\phi_B = 0$ のとき最小となることがわかる．

バイアス位相が高精度に制御可能であるときには，ϕ_B に対して式 (6.3) の第三項が正弦関数的に応答することを利用して，サイドバンド強度から，バイアス位相を確定することができる．この場合，2 つの連立方程式 (例えば $\Lambda_{0,1}, \Lambda_{0,2}$ など) から，A_1, A_2 を求めることができる．

6.1.2 バイアス状態掃引による平均化による測定

DC バイアス状態の時間的変化 (いわゆる DC ドリフト) が大きい，変調電極での電気損失による導波路部分における温度変化が大きい，DC バイアス印加が不可能な電極構成をもつなどの場合には ϕ_B も未知数として扱い，3 つの連立方程式から A_1, A_2, ϕ_B を求めることができる．しかし，一般に非線形連立方程式は複数の解をもつことがあり，物理的に意味をもつ解を確定することが困難となる場合がある．この場合には，未知数の個数よりも，方程式の個数を多くすることで，解の確定が容易になる．

バイアス位相の変化を受けずに正確に A_1, A_2 を求めるために，バイアス位相を直流的変化に対する半波長電圧 $V_{\pi \mathrm{MZM(DC)}}$ の 2 倍 (4 倍など偶数倍でも可能) で掃引するという方法が提案されている [81]．これは，DC ドリフトでバイアス状態は変化するものの，半波長電圧はほぼ正確に一定であるという性質を利用したものである．掃引は三角波などの各バイアス状態が等しい重み付けとなる波形を用いる．繰り返し周期は，光スペクトルの測定時間よりは十分短く，

また，印加する正弦波信号周期に比べ十分長くする必要がある．この場合，各スペクトル成分 P_n は

$$P_n = K^2 \frac{\{J_n(A_1)\}^2 + \{J_n(A_2)\}^2}{4} \tag{6.5}$$

となり，各サイドバンド成分の強度がバイアス位相差に依存しないことがわかる．これは半波長電圧 $V_{\pi\mathrm{MZM(DC)}}$ を確定する方法としても利用可能で，さらに別個の電圧変化や温度変化などに対して，スペクトルが不変であるときに掃引信号の電圧が正確に $V_{\pi\mathrm{MZM(DC)}}$ の偶数倍であることがわかる．スペクトル不変となる掃引信号電圧でもっとも小さいものを 0.5 倍したものが $V_{\pi\mathrm{MZM(DC)}}$ に一致する．

6.1.3 ヌルバイアス状態とフルバイアス状態での測定

上記の手法は，特定のバイアス位相状態，もしくは，バイアス位相を平均化した場合の A_1, A_2 をえて，式 (6.1), (4.108) から半波長電圧，チャープパラメータを求めるというものであるが，非線形連立方程式の解を正確に確定するために，高次のサイドバンド成分の測定が必要となることがある．半波長電圧が高いデバイスの場合，高価なハイパワー高周波アンプによる大電力高周波信号の印加が必要になるというのが課題である．これに対して，複数のバイアス状態を組み合わせて，比較的小さな正弦波信号入力で A_1, A_2 を求める方法が提案されている [82]．

正弦波入力ゼロのとき $(A_1 = A_2 = 0)$ の光出力は

$$P_0' = K^2 \frac{1 + \cos\phi_\mathrm{B}}{2} \tag{6.6}$$

となる．フルバイアス条件 $\phi_\mathrm{B} = 0$ のときに出力光強度最大 $(P_{0\mathrm{F}}' = K^2)$，一方，ヌルバイアス条件 $\phi_\mathrm{B} = \pi$ のときに最小 $(P_{0\mathrm{N}}' = 0)$ となる．最小値はゼロとなるのは $\eta = 0$ と仮定しているためであるが，実際の変調器では有限の最小値をもつ．次に，正弦波信号を印加したときのキャリア (0 次サイドバンド成分) と 1 次サイドバンド成分の強度を測定する．それぞれ，バイアスを調整し，サイドバンド成分が最大となる点で測定する．0 次成分はフルバイアス，1 次成分はヌルバイアスのときそれぞれ最大となり，その最大値を $P_{0\mathrm{F}}, P_{1\mathrm{N}}$ とすると，

$$\frac{P_{0\mathrm{F}}}{P_{0\mathrm{F}}'} = \frac{\{J_0(A_1) + J_0(A_2)\}^2}{4} \tag{6.7}$$

6.1 半波長電圧とチャープパラメータの測定

$$\frac{P_{1\mathrm{N}}}{P'_{0\mathrm{F}}} = \frac{\{J_1(A_1) - J_1(A_2)\}^2}{4} \tag{6.8}$$

となる．

これらの2つの方程式を解くことでKによらずA_1, A_2が求まり，これから，半波長電圧，チャープパラメータがえられる[82]．この方式の特徴は，変調信号入力を大きくとる必要がなく，各サイドバンド成分が最大となるとき，かつ，他の成分が最小となるときに測定するので，高精度に測定できるという点である．図6.1に，広い周波数範囲でV_π, α_0を測定した例を示す[82]．

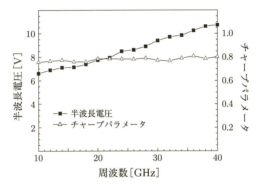

図6.1 半波長電圧とチャープパラメータの周波数特性[82]

2次以上のサイドバンド成分は無視することができる程度の変調度での測定の場合，サイドバンド強度を光スペクトラムアナライザではなく，パワーメータを利用することも可能である．また，変調周波数が低く，サイドバンド間の周波数間隔が光スペクトラムアナライザの解像度をより狭い場合においても測定可能である．正弦波信号入力をオンオフした際にバイアス点が変動する可能性があり，また，測定中にバイアス点が変動した場合にも測定結果に影響が生じるために正確なバイアス点調整が必要であるが，バイアス点を掃引し，最大をとることで確度の高い測定が可能である．変調度が小さく（$|A_1|, |A_2| < 1$），$J_1(A) \simeq A/2, J_0(A) \simeq 1$と近似できる場合を考えると，式(6.7), (6.8)は

$$\frac{P_{0\mathrm{F}}}{P'_{0\mathrm{F}}} = 1 \tag{6.9}$$

$$\frac{P_{1N}}{P'_{0F}} = \frac{(A_1 - A_2)^2}{16} \tag{6.10}$$

となり (一般に A_1 と A_2 の符号は逆であり，$|A_1 - A_2|$ は両アーム (光導波路) 間に生じる光位相差を表す)，A_1, A_2 のそれぞれの値を確定するのは困難であるものの，V_π の算出に必要な $A_1 - A_2$ はえられる。半波長電圧の測定精度への影響は小さく，V_π の評価に特化する場合には，幅広く利用可能である。一方で，変調度が小さい場合に $A_1 + A_2$ (両アーム間に生じる光位相差のアンバランス) の算定は困難となり，チャープパラメータの測定精度は著しく低下するという問題がある [82]。図 6.2 は，算出された V_π, α_0 と変調信号電圧との関係を示すものである。LN 変調器で利用する電気光学効果は印加電圧に対して比例の関係をもつので，V_π, α_0 は変調信号電圧に原理的に依存しないが，チャープパラメータが電圧が低い部分で変動している。これは上述のとおりの理由で $A_1 + A_2$ の精度が低下しているためである。

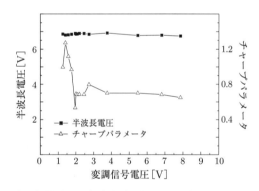

図 6.2　変調信号電圧と半波長電圧とチャープパラメータの関係 [82]

6.2　並列マッハツェンダー変調器の評価方法

図 6.3 に示す複数の MZ 干渉計を並列に集積した変調器を考える。個別の MZ 干渉計のオンオフ消光比と，変調深さのアンバランスを表すチャープパラメータ，オンオフに必要な電圧を表す半波長電圧を光スペクトルから求める。
正弦波信号を対象となる MZ 干渉計に印加し，出力光のサイドバンドから各

6.2 並列マッハツェンダー変調器の評価方法

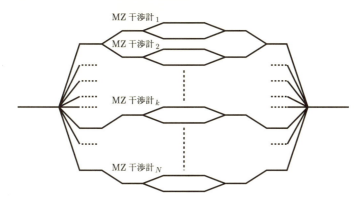

図 6.3 並列マッハツェンダー (MZ) 変調器

パラメータを算出する。各 MZ 干渉計は Y 分岐に挟まれた 2 つのアーム (光導波路) をもち，それぞれにアームに光位相変調器をもつ。MZ 干渉計において，理想的な振幅変調を実現するためには，消光比をより大きく，チャープパラメータをより小さくする必要がある。

k 番目の干渉計 (MZ 干渉計$_k$) に正弦波信号 $\sin \omega_\mathrm{m} t$ を印加すると，出力光 R は

$$
\begin{aligned}
R &= \frac{K_k e^{i\omega_0 t}}{2} \sum_n e^{in\omega_\mathrm{m} t} \left[J_n(A_{1,k}) e^{in\phi_{1,k}} e^{iB_{1,k}} \left(1 + \frac{\eta_k}{2}\right) \right. \\
&\qquad \left. + J_n(A_{2,k}) e^{in\phi_{2,k}} e^{iB_{2,k}} \left(1 - \frac{\eta_k}{2}\right) \right] + G_k e^{i\omega_0 t} \\
&= \frac{K_k e^{i\omega_0 t} e^{i(n\phi_{1,k}+B_{1,k})}}{2} \sum_n e^{in\omega_\mathrm{m} t} \left[J_n(A_k + \alpha_k^*) \left(1 + \frac{\eta_k}{2}\right) \right. \\
&\qquad \left. + J_n(-A_k + \alpha_k^*) \left(1 - \frac{\eta_k}{2}\right) e^{i(n\phi_k + B_k)} \right] + G_k e^{i\omega_0 t} \quad (6.11)
\end{aligned}
$$

となる。

MZ 干渉計の各アームでの光位相変化は

$$\Phi_{1,k} = A_{1,k} \sin(\omega_\mathrm{m} t + \phi_{1,k}) + B_{1,k} \quad (6.12)$$

$$\Phi_{2,k} = A_{2,k} \sin(\omega_\mathrm{m} t + \phi_{2,k}) + B_{2,k} \quad (6.13)$$

とした (図 6.4 参照)。ここで，

$$A_{1,k} \equiv A_k + \alpha_k^* \quad (6.14)$$

$$A_{2,k} \equiv -A_k + \alpha_k^* \quad (6.15)$$

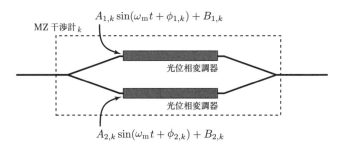

図 6.4 k 番目の MZ 干渉計に正弦波信号 $\sin\omega_\mathrm{m} t$ を印加

$$\alpha_k^* \equiv A_k \alpha_{0,k} \tag{6.16}$$

$$B_k \equiv B_{2,k} - B_{1,k} \tag{6.17}$$

$$\phi_k \equiv \phi_{2,k} - \phi_{1,k} \tag{6.18}$$

と定義した.理想的な強度変調をえるためには,MZ 干渉計の両アームでのプッシュプルの位相変調が必要である.$A_{1,k} = -A_{2,k}$ ($\alpha_{0,k} = \alpha_k^* = 0$) のときにバランスのとれたプッシュプル位相変調となる.$\alpha_{0,k}$ が各 MZ 干渉計の固有チャープパラメータ,B_k は 2 つのアーム間のバイアスである.ϕ_k は両アームに印加する正弦波信号のスキューを表す.両アームが個別の電極をもつ場合には,外部回路で $\phi_k \simeq 0$ とすることができる.η_k はアーム間の光強度の差を表し,K_k は MZ 干渉計$_k$ の光損失である.

出力には他の MZ 干渉計からの無変調光が含まれるが,その強度と位相は各 MZ 干渉計のバイアス状態 $B_{1,j}, B_{2,j}$ ($j \neq k$) に依存し,

$$\begin{aligned}G_k = &\sum_{j=1}^{N} \frac{K_j}{2}\left[\mathrm{e}^{\mathrm{i}B_{1,j}}\left(1+\frac{\eta_j}{2}\right)+\mathrm{e}^{\mathrm{i}B_{2,j}}\left(1-\frac{\eta_j}{2}\right)\right]\\&-\frac{K_k}{2}\left[\mathrm{e}^{\mathrm{i}B_{1,k}}\left(1+\frac{\eta_k}{2}\right)+\mathrm{e}^{\mathrm{i}B_{2,k}}\left(1-\frac{\eta_k}{2}\right)\right]\end{aligned} \tag{6.19}$$

と表すことができる.

スキューの影響を無視して $\phi_k = 0$ とすると,n 次サイドバンド成分の強度 $P_{n,k}$ ($n \neq 0$) は

$$P_{n,k} = \frac{K_k^2}{4}\left|J_n(A_k+\alpha_k^*)\left(1+\frac{\eta_k}{2}\right)+J_n(-A_k+\alpha_k^*)\left(1-\frac{\eta_k}{2}\right)\mathrm{e}^{\mathrm{i}B_k}\right|^2 \tag{6.20}$$

6.2 並列マッハツェンダー変調器の評価方法

$$= \frac{K_k^2}{4}\left[J_n^2(A_k+\alpha_k^*)\left(1+\frac{\eta_k}{2}\right)^2 + J_n^2(-A_k+\alpha_k^*)\left(1-\frac{\eta_k}{2}\right)^2 \right.$$
$$\left. + 2\cos B_k J_n(A_k+\alpha_k^*)J_n(-A_k+\alpha_k^*)\left(1-\frac{\eta_k^2}{4}\right)\right] \quad (6.21)$$

となる。n 次サイドバンド成分は式 (6.11) において $\mathrm{e}^{in\omega_m t}$ の係数となる部分で、光周波数が $(\omega_0+n\omega_\mathrm{m})/2\pi$ の成分に相当する。ここで、0 次成分は他の MZ 干渉計からの成分 G_k を含むので議論の対象としない。$n\ne 0$ のサイドバンド成分のみに着目することで、MZ 干渉計$_k$ 以外のバイアス状態の影響を受けずに、MZ 干渉計$_k$ に印加するバイアス電圧と正弦波信号を制御するだけで正確な測定が可能となる。スキューを無視した場合 $P_{n,k}=P_{-n,k}$ となる。よって、n が正、または、負の成分のいずれかから、測定が可能である。また、任意のバイアス状態に対して $P_{n,k}=P_{-n,k}$ が満たされているかを確認することで、スキューが無視できるレベルであるかを見積もることができる。

$|\alpha_{0,k}|,|\eta_k|\ll 1$ とすると、$B_k=0$ のとき奇数次項 (n が奇数) 最小、偶数次項 (n が偶数) 最大、$B_k=\pi$ のとき奇数次項最大、偶数次項最小となる。バイアス電圧を連続的に増大または減少させると、奇数次成分と、偶数次成分が互い違いに最大最小を繰り返す。したがって、光スペクトルをモニタしながらバイアス電圧を調整することで $B_k=0$、または、$B_k=\pi$ の状態をえることができる。

奇数次成分が最小、偶数次成分が最大となるバイアス条件 $B_k=0$ と、奇数次成分が最大、偶数次成分が最小となるバイアス条件 $B_k=\pi$ でサイドバンド成分 $P_{n,k}$ を測定し、A_k,α_k^*,η_k に対する非線形連立方程式をたてる。これを解くことで、A_k,α_k^*,η_k を求めることができる。

$B_k=0$ のときの奇数次成分、$B_k=\pi$ のときの偶数次成分を $P_{n,k}^{(-)}$、$B_k=\pi$ のときの奇数次成分、$B_k=0$ のときの偶数次成分を $P_{n,k}^{(+)}$ とする。いい換えると、バイアス状態を変化させたときの n 次サイドバンド成分の最大値が $P_{n,k}^{(+)}$、最小値が $P_{n,k}^{(-)}$ に相当することになる。

$B_k=0$ の場合の 1 次成分は

$$P_{1,k}^{(-)} = \frac{K_k^2}{4}\left[J_1(A_k+\alpha_k^*)\left(1+\frac{\eta_k}{2}\right) - J_1(A_k-\alpha_k^*)\left(1-\frac{\eta_k}{2}\right)\right]^2$$
$$= \frac{K_k^2}{4}\left[\eta_k\frac{J_1(A_k+\alpha_k^*)+J_1(A_k-\alpha_k^*)}{2} + J_1(A_k+\alpha_k^*) - J_1(A_k-\alpha_k^*)\right]^2$$
$$(6.22)$$

で表される．ここで，$\alpha_{0,k} \ll 1$ とすると，

$$\frac{J_1(A_k + \alpha_k^*) + J_1(A_k - \alpha_k^*)}{2} \simeq J_1(A_k) \tag{6.23}$$

$$J_1(A_k + \alpha_k^*) - J_1(A_k - \alpha_k^*) \simeq 2\alpha_k^* J_1'(A_k) \tag{6.24}$$

と近似できる．ここで，$J_n'(A_k)$ は $J_n(A_k)$ の導関数である．これらの近似式を用いると，$P_{1,k}^{(-)}$ は

$$P_{1,k}^{(-)} \simeq \frac{K_k^2}{4} \left[\eta_k J_1(A_k) + 2\alpha_k^* J_1'(A_k) \right]^2 \tag{6.25}$$

となる．同様にして，2次成分は

$$P_{2,k}^{(+)} = \frac{K_k^2}{4} \left[J_2(A_k + \alpha_k^*)\left(1 + \frac{\eta_k}{2}\right) + J_2(A_k - \alpha_k^*)\left(1 - \frac{\eta_k}{2}\right) \right]^2$$

$$= \frac{K_k^2}{4} \left[J_2(A_k + \alpha_k^*) + J_2(A_k - \alpha_k^*) + \eta_k \frac{J_2(A_k + \alpha_k^*) - J_2(A_k - \alpha_k^*)}{2} \right]^2 \tag{6.26}$$

$$\simeq \frac{K_k^2}{4} \left[2J_2(A_k) + \alpha_k^* \eta_k J_2'(A_k) \right]^2 \tag{6.27}$$

$$\simeq K_k^2 \left[J_2(A_k) \right]^2 \tag{6.28}$$

となる．同様の計算により，n 次成分は

$$P_{n,k}^{(+)} \simeq \frac{K_k^2}{4} \left[2J_n(A_k) + \alpha_k^* \eta_k J_n'(A_k) \right]^2 \tag{6.29}$$

$$\simeq K_k^2 \left[J_n(A_k) \right]^2 \tag{6.30}$$

$$P_{n,k}^{(-)} \simeq \frac{K_k^2}{4} \left[\eta_k J_n(A_k) + 2\alpha_k^* J_n'(A_k) \right]^2 \tag{6.31}$$

となる．

具体的には，比較的小さい次数のサイドバンド成分を用いて A_k, α_k^*, η_k を算出する．下記に，計算手順の例を示す．$P_{1,k}^{(+)}, P_{2,k}^{(+)}$ を測定し，

$$\frac{P_{2,k}^{(+)}}{P_{1,k}^{(+)}} \simeq \left[\frac{J_2(A_k)}{J_1(A_k)}\right]^2 \tag{6.32}$$

より，A_k を算出する．より高次の項，例えば $P_{3,k}^{(+)}$ が測定できる場合には，

$$\frac{P_{3,k}^{(+)}}{P_{1,k}^{(+)}} \simeq \left[\frac{J_3(A_k)}{J_1(A_k)}\right]^2 \tag{6.33}$$

6.2 並列マッハツェンダー変調器の評価方法

または,

$$\frac{P_{3,k}^{(+)}}{P_{2,k}^{(+)}} \simeq \left[\frac{J_3(A_k)}{J_2(A_k)}\right]^2 \tag{6.34}$$

を用いて A_k を算出し,上記の $P_{1,k}^{(+)}, P_{2,k}^{(+)}$ から求めた結果と照合することで,測定および近似計算がどの程度の精度であるかが確認できる。

次に,$P_{n,k}^{(+)}, P_{n,k}^{(-)}$ を用いて,$\eta_k, \alpha_{0,k}$ を算出する手順を説明する。$P_{n,k}^{(+)}, P_{n,k}^{(-)}$ は $A_k, n, \eta_k, \alpha_k^*$ との間に下記の関係式が近似的に成立する。

$$\frac{P_{n,k}^{(-)}}{P_{n,k}^{(+)}} \simeq \left\{\frac{\eta_k J_n(A_k) + 2\alpha_k^* J_n'(A_k)}{2J_n(A_k) + \alpha_k^* \eta_k J_n'(A_k)}\right\}^2$$

$$\simeq \left\{\frac{\eta_k J_n(A_k) + 2\alpha_k^* J_n'(A_k)}{2J_n(A_k)}\right\}^2 = \left\{\frac{\eta_k}{2} + \alpha_k^* \frac{J_n'(A_k)}{J_n(A_k)}\right\}^2$$

$$= \left[\frac{\eta_k}{2} + \alpha_k^* \left\{\frac{J_{n-1}(A_k)}{J_n(A_k)} - \frac{n}{A_k}\right\}\right]^2 \tag{6.35}$$

例えば,$P_{1,k}^{(+)}, P_{1,k}^{(-)}, P_{2,k}^{(+)}, P_{2,k}^{(-)}$ を測定し,η_k, α_k^* に関する 2 元連立方程式

$$\frac{P_{1,k}^{(-)}}{P_{1,k}^{(+)}} \simeq \left[\frac{\eta_k}{2} + \alpha_k^* \left\{\frac{J_0(A_k)}{J_1(A_k)} - \frac{1}{A_k}\right\}\right]^2 \tag{6.36}$$

$$\frac{P_{2,k}^{(-)}}{P_{2,k}^{(+)}} \simeq \left[\frac{\eta_k}{2} + \alpha_k^* \left\{\frac{J_1(A_k)}{J_2(A_k)} - \frac{2}{A_k}\right\}\right]^2 \tag{6.37}$$

より,$\eta_k, \alpha_{0,k}$ を求めることができる。両辺の平方根をとることで線形方程式となるので,容易に解くことができる。ただし,

$$\frac{\eta_k}{2} + \alpha_k^* \left\{\frac{J_0(A_k)}{J_1(A_k)} - \frac{1}{A_k}\right\} = \pm \sqrt{\frac{P_{1,k}^{(-)}}{P_{1,k}^{(+)}}} \tag{6.38}$$

$$\frac{\eta_k}{2} + \alpha_k^* \left\{\frac{J_1(A_k)}{J_2(A_k)} - \frac{2}{A_k}\right\} = \pm \sqrt{\frac{P_{2,k}^{(-)}}{P_{2,k}^{(+)}}} \tag{6.39}$$

の4通りの方程式を解く必要がある。右辺の符号を2式とも反転させた場合,反転させるまえの方程式の η_k, α_k^* に関しての解を符号反転させたものが解となることは自明である。より高次のサイドバンド成分に関する方程式においても,α_k^* の係数部分 $J_n(A_k)/J_n(A_k) - n/A_k$ が異なるだけなので,サイドバンド成分の強度の最大値 $P_{n,k}^{(+)}$,最小値 $P_{n,k}^{(-)}$ から η_k, α_k^* の符号を確定すること

は一般に不可能である．ただし，η_k, α_k^* が同符号であるか異符号であるか，つまり，$\eta_k \alpha_k^*$ の符号をえることは可能である．式 (6.38), (6.39) の右辺が同符号であるか，異符号であるかの 2 通りの方程式を解き，それぞれの解が，より高次のサイドバンドに関する等式を満たすか否かで物理的に意味がある解を確定することが可能となる．例えば，式 (6.38) の右辺を正として，(6.39) の右辺が正負の 2 通りの線形連立方程式をたて，それぞれから η_k, α_k^* を求める．A_k は $P_{1,k}^{(+)}, P_{2,k}^{(+)}$ などから算出したものをここでは用いる．より高次の項が測定できる場合には，A_k の算出手順と同様に，$P_{3,k}^{(+)}, P_{3,k}^{(-)}$ に関する方程式から測定精度を確認することが可能である．A_k の符号は入力信号とアームの定義に関するものであるので正であるとしても一般性は失わない．えられた解を

$$\frac{P_{3,k}^{(-)}}{P_{3,k}^{(+)}} \simeq \left[\frac{\eta_k}{2} + \alpha_k^* \left\{\frac{J_2(A_k)}{J_3(A_k)} - \frac{3}{A_k}\right\}\right]^2 \tag{6.40}$$

に代入し，これを満たすものを物理的に意味のある解とする．ここでは，各次数のサイドバンド成分の最大値と最小値の比を用いたが，$P_{n,k}^{(-)}, P_{m,k}^{(+)}$ ($n \neq m$) に関する方程式，近似式からも同様に k, η_k, α_k^* を求めることが可能である．

以上より，$P_{1,k}^{(+)}, P_{1,k}^{(-)}, P_{2,k}^{(+)}, P_{2,k}^{(-)}, P_{3,k}^{(+)}, P_{3,k}^{(-)}$ を測定し，式 (6.32) を用いて，A_k を算出，さらに，式 (6.36), (6.37) により，η_k, α_k^* を求めることができることがわかる．さらに精度を向上するには，式 (6.23), (6.24) を適用するまえの

$$P_{n,k}^{(-)} = \frac{K_k^2}{4}\left[\eta_k \frac{J_n(A_k + \alpha_k^*) + J_n(A_k - \alpha_k^*)}{2} + J_n(A_k + \alpha_k^*) - J_n(A_k - \alpha_k^*)\right]^2 \tag{6.41}$$

$$P_{n,k}^{(+)} = \frac{K_k^2}{4}\left[J_n(A_k + \alpha_k^*) + J_n(A_k - \alpha_k^*) + \eta_k \frac{J_n(A_k + \alpha_k^*) - J_n(A_k - \alpha_k^*)}{2}\right]^2 \tag{6.42}$$

を用いて，$\eta_k, \alpha_{0,k}, A_k$ に関する非線形連立方程式をたて，それを解く必要がある．確実に解を得るためには，近似式で求めた $\eta_k, \alpha_{0,k}, A_k$ を初期値とする．もしくは，3 つの変数のうち 2 つを近似式の解で固定し，残りの 1 つを変数として非線形方程式をたて，その解を代入し，さらに固定していた変数に関して解くという手順を繰り返して精度を向上させるという手法が有効であると考えられる．$\alpha_{0,k} = \alpha_k^*/A_k$ であるので，$\alpha_{0,k}$ も確定できる．また，印加した正弦波信号の電圧 (インピーダンス整合がとれている場合にはパワー測定のみで電圧が

6.2 並列マッハツェンダー変調器の評価方法

算出できる) を精密に測定しておくことで，半波長電圧がえられる．変調器に印加した正弦波信号電圧が $V_{0\mathrm{p}}$ (ゼロピーク値) であるとすると，MZ 干渉計 k の半波長電圧 $V_{\pi,k}$ は

$$V_{\pi,k} = \frac{\pi V_{0\mathrm{p}}}{2|A_k|} \tag{6.43}$$

となる．オンオフ消光比は振幅で $\eta_k/2$，強度で $\eta_k^2/4$ で表される．正弦波信号の周波数を変化させて，上記の測定を行うことで，半波長電圧，消光比，チャープパラメータの周波数特性がえられる．また，入力光波長を変化させて，測定すると，波長依存性がえられる．

さらに，変調器入力光パワーを測定し，これを 1 とするように $P_{n,k}^{(\pm)}$ を規格化すると，K_k を求めることができる．例えば，$P_{1,k}^{(+)}$ より，1 次サイドバンドの強度を入力光パワーで割ったものの平方根が K_k となる．各 MZ 干渉計に対して同様の測定を行い，すべての K_k をえることで複数の MZ 干渉計間のアンバランスを評価することができる．また，変調器全体としての光損失は概略 $\sum_k K_k$ で与えられる．

単一のマッハツェンダー変調器の場合や，他の MZ 干渉計のバイアスも制御可能な場合には，$P_{0,k}^{(+)}, P_{0,k}^{(-)}$ に関する方程式が利用できる．他の MZ 干渉計がオフとなるように設定すると，$G_k = 0$ となり計算が簡単になる．

● $\alpha_k^*(\alpha_{0,k}), \eta_k$ の符号についての補足

高次サイドバンド強度を精度良く測定することが困難である場合など，平方根の符号の不確定性により $\alpha_k^*(\alpha_{0,k}), \eta_k$ に関して 2 通りの解から適切なものを確定できないことがある．

$\alpha_{0,k}, \eta_k$ は基本的に変調器構造の理想からのずれによるもので，変調度，変調周波数，入力波長などの各パラメータに対して敏感に依存することはない．$\alpha_{0,k}$ は光導波路構造と電極構造の位置ずれや電極間のロスアンバランス，$\alpha_{0,k}$ は光導波路構造内のアンバランスに起因する．よって，実際の変調器では以下の仮定が成り立つと考えられる．

- $\alpha_{0,k}, \eta_k$ ともに変調度 $|A_k|$ には依存しない．
- $\alpha_{0,k}$ は光導波路構造そのものとは独立のパラメータであるので，入力波長に依存しない．

- $\alpha_{0,k}, \eta_k$ は変調周波数に依存する可能性はあるが，符号が変化する可能性は低い．

これらの基準から，$\alpha_k^*(\alpha_{0,k}), \eta_k$ を確定する．η は入力波長に大きく依存する可能性があるが，$\alpha_{0,k}, \eta_k$ はその値が測定限界以下に小さい場合や，一方に比べて10倍以上小さい場合を除いては，符号が一定で，変動も小さいと考えられる．

変調度が小さい場合を考えると，$\alpha_k^*(\alpha_{0,k}), \eta_k$ に関する方程式を以下のとおり簡単化することが可能である．$|A_k| < U_n$ と仮定する．ここで，U_n は $J_n(A)$ が最大値となるときの A である．このとき，$J_n(A)$ は n が奇数の場合，単調増加関数となる．n が偶数の場合，$A = 0$ を極小値とする2次的関数となる．

$$\pm\sqrt{P_{n,k}^{(+)}} \simeq K_k J_n(A_k) \tag{6.44}$$

の右辺は $0 < A_k < U_n$ の範囲で，常に正となる．

$$\pm\sqrt{P_{n,k}^{(-)}} \simeq \frac{K_k}{2}\left[\eta_k J_n(A_k) + 2\alpha_k^* J_n'(A_k)\right]$$

$$\simeq \frac{K_k}{2}\left[\eta_k \frac{A_k^n}{2^n n!} + \alpha_k^* \frac{A_k^{n-1}}{2^{n-1}(n-1)!}\right]$$

$$= \frac{K_k A_k^n}{2^{n+1} n!}\left[\eta_k + 2n\alpha_{0,k}\right] \tag{6.45}$$

の右辺の符号は A_k の大きさに依存しない．ここで，

$$J_n(A) \simeq \frac{A^n}{2^n n!} \tag{6.46}$$

を用いた $(n > 0)$．ただし，$|A_k| \ll 1$ という条件下での近似である．さらに，

$$\pm\sqrt{\frac{P_{n,k}^{(-)}}{P_{n,k}^{(+)}}} = \frac{\eta_k}{2} + \alpha_k^*\left\{\frac{J_{n-1}(A_k)}{J_n(A_k)} - \frac{n}{A_k}\right\}$$

$$\simeq \frac{\eta_k}{2} + \alpha_k^*\left(\frac{2n}{A_k} - \frac{n}{A_k}\right)$$

$$= \frac{\eta_k}{2} + n\alpha_{0,k} \tag{6.47}$$

となり，これにより，$\eta_k, \alpha_{0,k}$ を求める．平方根の符号は，変調周波数，変調度によらないと仮定するが，入力波長には依存しうる．$\eta_k, \alpha_{0,k}$ が同符号である場合には $\pm\sqrt{\frac{P_{n,k}^{(-)}}{P_{n,k}^{(+)}}}$ の符号はすべて正か負となる．$\eta_k, \alpha_{0,k}$ が異符号である場合には，平方根の符号は n に依存して変化する可能性はあるが，n の関数としてみて，符号変化は1回のみである．

6.2 並列マッハツェンダー変調器の評価方法

$n > 0$ と仮定したが，$n < 0$ の場合も同様の議論となる。

図 6.5 に示すような複数の MZ 干渉計を直列に接続し，それをさらに並列に集積した変調器の個別の MZ 干渉計のアンバランスと固有チャープパラメータ，半波長電圧を光スペクトルから求める。基本原理は並列マッハツェンダー変調器と同様であるが，対象となる MZ 干渉計に直列接続された MZ 干渉計をオン状態にしておくことが望ましい。これにより出力光強度が大きくなり精度の高いサイドバンド成分の計測が期待できる。また，他の MZ 干渉計がオン状態となることで，直列接続された MZ 干渉計および導波路全体の光損失を算出することも可能となる。なお，他の並列部分に属する MZ 干渉計のバイアスは制御する必要はない。

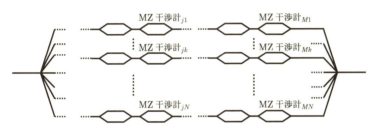

図 6.5 並列マッハツェンダー (MZ) 変調器

正弦波信号を MZ 干渉計$_{jk}$ に印加するとサイドバンドが発生するが，並列マッハツェンダー変調器のときと同様に，バイアス電圧の変化に応じて奇数次サイドバンド成分と偶数次成分が交互に最大最小を繰り返す。一方，MZ 干渉計$_{mk}$ ($m \neq j$) のバイアスを変化させると，すべてのサイドバンド成分がその比率を一定に保ったまま，最大最小を繰り返す。直列に接続された MZ 干渉計のバイアス電圧すべてをサイドバンド成分全体の強度が最大となるように調整する。このとき，MZ 干渉計$_{mk}$ ($m \neq j$) がすべてオンの状態になる。MZ 干渉計$_{jk}$ に関して，$k \to jk$ と読み替えることで，K_k は k 番目の並列回路全体の光損失を表すということに注意して，並列マッハツェンダー変調器のときと同様の手順で，$\eta_{kl}, \alpha_{0,kl}, A_{kl}$ を求めることができる。

関連図書

[1] 映画 "バブルへ GO!! タイムマシンはドラム式" (2006)
[2] 川西哲也,「5G ネットワーク」を支える光ファイバ無線技術, ITU ジャーナル, Vol.45, No.11, 36–39 (2015)
[3] 川西哲也, ひかりを自由にあやつる NICT NEWS 2009 年 10 月号
[4] 平成 23 年度版 情報通信白書 (2011)
[5] 関宏之・箕輪守彦, モバイルアクセスシステムの技術動向, FUJITSU, **63**, 681–688 (2012)
[6] 川西哲也, 光で電波を送る NICT NEWS 2013 年 9 月号
[7] 川西哲也, 光で電波を見る NICT NEWS 2013 年 7 月号
[8] 宮下豊勝, 光通信工学の基礎, 森北出版 (1987)
[9] 菊池和朗, 光ファイバ通信の基礎, 昭晃堂 (1997)
[10] G. Marconi, "Wireless Telegraphic Communication," Nobel Lecture in Physics (1909)
[11] 浅井裕介・井上保彦・鷹取泰司, IEEE 802.11 における無線 LAN 標準化動向, NTT 技術ジャーナル 2013 年 8 月, 35–39
[12] A. Sano, H. Masuda, Y. Kisaka, S. Aisawa, E. Yoshida, Y. Miyamoto, M. Koga, K. Hagimoto, T. Yamada, T. Furuta and H. Fukuyama, "14 Tb/s (140 × 111-Gb/s PDM/WDM) CSRZDQPSK Transmission over 160 km using 7-THz Bandwidth Extended L-band EDFAs," ECOC2006, Th4.1.1
[13] H. Masuda, A. Sano, T. Kobayashi, E. Yoshida, Y. Miyamoto, Y. Hibino, K. Hagimoto, Y. Yamada, T. Furuta and H. Fukuyama, "20.4 Tb/s (204 × 111 Gb/s) Transmission over 240 km Using Bandwidth-Maximized Hybrid Raman/EDFA," OFC/NFOEC2007, PDP20
[14] A.H. Gnauck, G. Charlet, P. Tran, P.J. Winzer, C.R. Doerr, J.C. Centanni, E.C. Burrows, T. Kawanishi, T. Sakamoto and K. Higuma "25.6 Tb/s WDM Transmission of Polarization-Multiplexed RZ-DQPSK Signals," *IEEE/OSA J. Lightwave Technol.*, **26**, 79–84 (2009)
[15] KDDI 株式会社 2010 年 4 月 1 日付報道発表 日本〜米国間光海底ケーブル「Unity」の運用開始について
[16] K. Fukuchi, T. Kasamatsu, M. Morie, R. Ohhira, T. Ito, K. Sekiya, D. Ogasawara and T. Ono, "10.92-Tb/s (273 × 40-Gb/s) triple-band/ultra-dense WDM optical-repeate transmission experiment," OFC 2001, PD24

[17] 水落隆司, 長距離・超高速・大容量光通信の現状と将来展望, 光学 38, 226–237 (2009)
[18] 特集 光変調技術・最新動向, 月刊オプトロニクス 2011 年 3 月号
[19] 宮本裕・佐野明秀・吉田英二・佐野寿和, 超大容量デジタルコヒーレント光伝送技術, NTT 技術ジャーナル 2011 年 3 月号, 13–18
[20] 鈴木扇太・宮本裕・富澤将人・坂野寿和・村田浩一・美野真司・柴山充文・渋谷真・福知清・尾中寛・星田剛司・小牧浩輔・水落隆司・久保和夫・宮田好邦・神尾享秀, 光通信ネットワークの大容量化に向けたディジタルコヒーレント信号処理技術の研究開発, 電子情報通信学会誌 95, 1100–1116 (2012)
[21] 尾中寛, 100 ギガビットの信号を復調する, O plus E 31, 879–883 (2009)
[22] T. Pfau, S. Hoffmann, O. Adamczyk, R. Peveling, V. Herath, M. Porrmann and R. Noe, "Coherent optical communication: Towards realtime systems at 40 Gbit/s and beyond," *Optics Express*, **16**, 866–872 (2008)
[23] S.J. Savory, Digital Signal Processing Options in Long Haul Transmission, OFC/NFOEC 2008, OTuO3
[24] T. Kawanishi, S. Sakamoto and M. Izutsu, "High-Speed Control of Lightwave Amplitude, Phase, and Frequency by Use of Electrooptic Effect," *IEEE J. Select. Top. Quantum Electron.*, **13**, 79–91 (2007)
[25] T. Kawanishi, "Integrated Mach-Zehnder Interferometer-Based Modulators for Advanced Modulation Formats," in High Spectral Density Opitcal Communication Technologies, Optical and Fiber Communications Reports 6, 273–286, ed. by M. Nakazawa, K . Kikuchi and T. Miyazaki, Springer-Verlag (2010)
[26] A. Kanno, K. Inagaki, I. Morohashi, T. Sakamoto, T. Kuri, I. Hosako, T. Kawanishi, Y. Yoshida and K. Kitayama, "40 Gb/s W-band (75-110 GHz) 16-QAM radio-over-fiber signal generation and its wireless transmission," *Optics Express*, **19**, B56–B63 (2011)
[27] A. Kanno, T. Kuri, I. Hosako, T. Kawanishi, Y. Yasumura, Y. Yoshida and K. Kitayama, "Optical and Radio Seamless MIMO Transmission with 20-Gbaud QPSK," ECOC 2013, We.3.B.2.
[28] S. Koenig, F. Boes, D. Lopez-Diaz, J. Antes, R. Henneberger, R. M. Schmogrow, D. Hillerkuss, R. Palmer, T. Zwick, C. Koos, W. Freude, O. Ambacher, I. Kallfass and J. Leuthold, "100 Gbit/s Wireless Link with mm-Wave Photonics," OFC/NFOEC2013, PDP5B.4.
[29] 藤井隆之・佐々木弘之・三津間高志, 電気吸収型光変調器モジュール, 航空電子技報, No.23 (2000)
[30] 井上貴則, 光海底ケーブルを支える大容量長距離光伝送技術, NEC 技報 Vol.62, No.4 (2009 年 12 月), 16–19

[31] 伊賀龍三・近藤康洋, "高温動作 10Gbit/s 直接変調レーザモジュール," NTT 技術ジャーナル 2006 年 11 月号, 38–41
[32] G.L. Li and P.K. L. Yu, "Optical Intensity Modulators for Digital and Analog Applications," *IEEE/OSA J. Lightwave Technol.*, **21**, 2010–2030 (2003)
[33] F. Koyama and K. Iga, "Frequency chirping in external modulators," *IEEE/OSA J. Lightwave Technol.*, **6**, 87–93 (1988)
[34] W. Idler, A. Klekamp, R. Dischler and B. Wedding, "Advantages of Frequency Shift Keying in 10-Gb/s Systems," *2004 IEEE/LEOS Workshop on Advanced Modulation Formats* FD3 (2004)
[35] T. Kawanishi, T. Sakamoto, M. Izutsu, K. Higuma, T. Fujita, S. Mori, S. Oikawa and J. Ichikawa, "40Gbit/s Versatile $LiNbO_3$ Lightwave Modulator," *ECOC 2005,* Th2.2.6
[36] K. Noguchi, H. Miyazawa and O. Mitomi, "75GHz broadband Ti: $LiNbO_3$ optical modulator with ridge structure," *Electron. Lett.*, **30**, 949–950 (1989)
[37] R.C. Alferness, "Waveguide electro-optic modulators," *IEEE Trans. Micro. Theory and Technol.*, **30**, 1121–1137 (1982)
[38] M. Izutsu, Y. Yamane and T. Sueta, "Broad-Band Traveling-Wave Modulator Using a $LiNbO_3$ Optical Waveguide," *IEEE J. Quantum Electron.*, **QE-13**, 287–290 (1977)
[39] Broadband optical modulators, ed. by A. Chen and E. J. Murphy, CRC Press (2012)
[40] K. Noguchi, O. Mitomi and H. Miyazawa, "Millimeter-wave Ti:$LiNbO_3$ optical modulators," *J. Lightwave. Technol.*, **16**, 615–619 (1998)
[41] H. Murata, K. Kinoshita, G. Miyaji, A. Morimoto and T. Kobayashi, "Quasi-velocity-matched $LiTaO_3$ guided-wave optical phase modulator for integrated ultrashort optical pulse generators," *Electron. Lett.*, **36**, 1459–1460 (2000)
[42] R.A. Griffin, "Integrated DQPSK Transmitters," *OFC 2005*, OTuM1
[43] S. Corzine, P. Evans, M. Kato, G. He, M. Fisher, M. Raburn, A. Dentai, I. Lyubomirsky, R. Nagarajan, M. Missey, V. Lal, A. Chen, J. Thomson, W. Williams, P. Chavarkar, S. Nguyen, D. Lambert, T. Butrie, M. Reffle, R. Schneider, M. Ziari, C. Joyner, S. Grubb, F. Kish and D. Welch, "10-Channel × 40Gb/s per Channel DQPSK Monolithically Integrated InP-Based Transmitter PIC," *OFC 2008*, PDP18
[44] K. Tsuzuki, N. Kikuchi, Y. Shibata, W. Kobayashi and H. Yasaka, "Surface Mountable 10-Gb/s InP Mach- Zehnder Modulator Module for SFF Transponder," *IEEE Photonics Technol. Lett.*, **20**, 54–56 (2008)
[45] 大友明, 光通信の未来を拓く有機材料 NICT NEWS 2011 年 10 月号
[46] 川西哲也, 100 ギガビットの信号を変調する, O plus E 31, 871–874 (2009)

[47] Y. Matsui, D. Mahgerefteh, X. Zheng, C. Liao, Z.F. Fan, K. McCallion and P. Tayebati, "Chirp-managed directly modulated laser (CML)," *Photon. Technol. Lett.*, **18**, 385–387 (2006)

[48] T. Kawanishi, T. Sakamoto, M. Tsuchiya, M. Izutsu, S. Mori and K. Higuma, "70 dB extinction-ratio $LiNbO_3$ optical intensity modulator for two-tone lightwave generation," *OFC 2006*, OWC4.

[49] T. Kawanishi, T. Sakamoto, A. Chiba, M. Tsuchiya and H. Toda, "Ultra high extinciton-ratio and ultra low chirp optical intensity modulation for pure two-tone lightwave signal generation," *CLEO 2008*, CFA1

[50] M. Daikoku, I. Morita, H. Taga, T. Tanaka, T. Kawanishi, T. Sakamoto, T. Miyazaki and T. Fujita, "100-Gb/s DQPSK Transmission Experiment Without OTDM 100G Ethernet Transport," *IEEE/OSA J. Lightwave Technol.*, **25**, 139–145 (2007)

[51] M. Yoshida, H. Goto, K. Kasai and M. Nakazawa, "64 and 128 coherent QAM optical transmission over 150 km using frequency-stabilized laser and heterodyne PLL detection," *Optics Express*, **16**, 829–840 (2008)

[52] T. Sakamoto, A. Chiba and T. Kawanishi, "50-Gb/s 16 QAM by a quad-parallel Mach-Zehnder modulator," *ECOC 2007*, Tu.1.E.3, postdeadline paper

[53] H. Yamazaki, T. Yamada, T. Goh, Y. Sakamaki and A. Kaneko, "64QAM Modulator with a Hybrid Configuration of Silica PLCs and $LiNbO_3$ Phase Modulators for 100-Gb/s Applications," *ECOC 2009*, 2.2.1

[54] T. Kawanishi, T. Sakamoto and A. Chiba, "Integrated Lithium Niobate Mach-Zehnder Interferometers for Advanced Modulation Formats," *IEICE Trans. Electron.*, **E92-C**, 915–921 (2009)

[55] C.R. Doerr, P.J. Winzer, L. Zhang, L. Buhl and N.J. Sauer, "Monolithic InP 16-QAM Modulator," *OFC 2008*, PDP20

[56] T. Kawanishi, T. Sakamoto, S. Shinada, M. Izutsu, K. Higuma, T. Fujita and J. Ichikawa, "High-speed optical FSK modulator for optical packet labeling," *J. Lightwave Technol.*, **23**, 87–94 (2005)

[57] T. Sakamoto, T. Kawanishi, T. Miyazaki and M. Izutsu, "Novel Modulation Scheme for Optical Continuous-Phase Frequency-Shift Keying," *OFC 2005* OFG2

[58] T. Sakamoto, T. Kawanishi and M. Izutsu, "Optical minimum-shift-keying with external modulation scheme," *Optics Express.*, **13**, 7741–7747 (2005)

[59] M. Izutsu, S. Shikamura and T. Sueta, "Integrated optical SSB modulator/frequency shifter," *J. Quantum. Electron.*, **17**, 2225–2227 (1981)

[60] T. Kawanishi and M. Izutsu, "Linear single-sideband modulation for high-SNR wavelength conversion," *Photon. Tech. Lett.*, **16**, 1534–1536 (2004)

関連図書

[61] H. Kiuchi, T. Kawanishi, M. Yamada, T. Sakamoto, M. Tsuchiya, J. Amagai and M. Izutsu, "High Extinction Ratio Mach-Zehnder Modulator Applied to a Highly Stable Optical Signal Generator," *IEEE Trans. Microwave Theo. and Tech.*, **55**, 1964–1972 (2007)
[62] 前田幹夫・生岩量久・鳥羽良和, 光・無線伝送技術の基礎と応用, コロナ社 (2013)
[63] W.S.C. Chang ed., RF Photonic Technology in Optical Fiber Links, Cambridge University Press (2002)
[64] APT Report on "Wired and Wireless Seamless Connections using Millimeter-Wave Radio over Fiber Technology for Resilient Access Networks," APT/ASTAP/REPT-11
[65] ITU-T Recommendation G.694.1, "Spectral grids for WDM applications: DWDM frequency grid"
[66] TTC 標準 JT-G694.1, "WDM 用途のスペクトル・グリッド：DWDM 周波数グリッド"
[67] 宮蔵信太郎, アドバンストエレクトロニクスシリーズ I–14 光学結晶, 培風館 (1995)
[68] L. Zehnder, "Ein neuer Interferenzrefraktor," Zeitschrift für Instrumentenkunde, **11**, 275–285 (1891)
[69] L. Mach, "Über einen Interferenzrefraktor," Zeitschrift für Instrumentenkunde, **12**, 89–93 (1892)
[70] 大津元一, 現代光科学 I, 3.1.2 節 "マッハツェンダー干渉計", 朝倉書店 (1994)
[71] 大津元一, 現代光科学 II, 7.3 節 "導波路間の結合", 朝倉書店 (1994)
[72] M. Izutsu, A. Enokihara and T. Sueta, "Optical-waveguide hybrid coupler," *Opt. Lett.*, **7**, 549–551 (1982)
[73] M.E. Bialkowski and Y. Wang, "Wideband Microstrip 180° Hybrid Utilizing Ground Slots," *IEEE Microwave and Wireless Components Lett.*, **20**, 495–497 (2010)
[74] S. Oikawa, F. Yamamoto, J. Ichikawa, S. Kurimura and K. Kutamura, "Zero-Chirp Broadband Z-Cut Ti : $LiNbO_3$ Optical Modulator Using Polarization REversal and Branch Electrode," *IEEE/OSA J. Lightwave Technol.*, **23**, 2756–2760 (2005)
[75] K. Sato, Y. Kondo, M. Nakao and M. Fukuda, "1.55-μm Narrow-Linewidth and High-Power Distributed Feedback Lasers for Coherent Transmission Systems," *IEEE/OSA J. Lightwave Technol.*, **7**, 1515–1519 (1989)
[76] T. Kunii, Y. Matsui, H. Horikawa, T. Kamijoh and T. Nonaka, "Narrow line width (85 kHz) operation in long cavity 1.5 μm-MQW DBR laser," *Electron. Lett.*, **27**, 691–692 (1991)
[77] T. Kataoka and K. Hagimoto, "Novel Automatic Bias Voltage Control for Travelling-Wave Electrode Optical Modulators," *Electron. Lett.*, **27**, 943–945 (1991)

[78] K. Miyauchi, S. Seki and H. Ishio, "New Technique for Generating and Detecting Multilevel Signal Formats," *IEEE Trans. Comm.*, **24**, 263–267 (1976)

[79] 寺沢寛一, 自然科学者のための数学概論 (増補版), 岩波書店 (1983)

[80] 森口繁一・宇田川銈久・一松信, 岩波数学公式 III 特殊関数, 岩波書店 (1960)

[81] T. Kawanishi, K. Kogo, S. Oikawa and M. Izutsu, "Direct measurement of chirp parameters of high-speed Mach-Zehnder-type optical modulators," *Opt. Commun.*, **195**, 399–404 (2001)

[82] S. Oikawa, T. Kawanishi and M. Izutsu, "Measurement of chirp parameters and halfwave voltages of Mach-Zehnder-type optical modulators by using a small signal operation," *Photon. Tech. Lett.*, **15**, 682–684 (2003)

索　引

数字・欧文

2値位相変調　36, 69
2値変調方式　65
2電極型MZ変調器　51
2並列MZ変調器　55
4-PSK　76
4値位相変調　11, 37, 76
4並列MZ変調器　81
16QAM　37
16値直交振幅変調　37
APM　58
ASK　36, 70
BPSK　36, 69
CPW　23
DBPSK　70
DCドリフト　21
DCバイアス　39
DPMZM　55
DPSK　70
DQPSK　71
DSB　127
DSB+C信号　128
DSB-SC　128
DSP　11
EA効果　8
EO効果　8, 15
EO材料　15
ER　41
FSK　11, 75

IMDD　9
LN結晶　16
LN変調器　9
LSB　97
MSL　23
MZ構造　28
MZ変調器　30
n-PSK　69
ONU　2
OOK　10, 36, 65
PSK　69
QAM　11, 55
QPSK　11, 37, 69, 76
SSB　51, 127, 141
SSB+C信号　141
SSB-SC　141
SSB変調　126
USB　96
XカットMZ変調器　51
Xカット基板　24
ZカットMZ変調器　49
Zカット基板　24

あ　行

アンバランス　41
異常光線　17
上側波帯　96
オンオフキーイング　36
オンオフ消光比　41

175

オンオフ変調　10, 65

か　行

外部変調　7
カー効果　16
寄生位相変調　39
吸収率変化　9
狭義の電気光学効果　15
強度変調　28
強度変調直接検波　9
光学軸　17
光路長　20
コプレーナ線路　23
固有チャープパラメータ　37
コンステレーション　57
コンステレーションマップ　57

さ　行

サイドバンド　83, 96
差動位相変調　70
差動検波　11
差動信号　47
下側波帯　97
周波数変調　11, 75
周波数利用効率　5
瞬時周波数　15
常光線　17
消光比　41, 42
進行波型変調器　27
振幅位相変調　58
振幅変調　28, 36, 70
シンボル　10
スキュー　119
ゼロチャープ変調器　51
線幅　63
占有帯域幅　4
側帯波　96

速度整合　27
側波帯　96

た　行

第一種ベッセル関数　85
第二種ベッセル関数　88
単側波帯変調　51, 127, 141
遅延検波　71
チャープ　8
重畳変調　80
直接変調　7
直交振幅変調　11, 55
直交バイアス　39, 128
低チャープ変調器　51
デジタルコヒーレント　11
デジタル信号処理　11
電界吸収効果　8
電界吸収変調器　8
電気光学効果　8, 15
電気光学変調器　8
等価屈折率　27
透過率　19

な　行

ニオブ酸リチウム (LN)　9
ヌルバイアス　39, 134
ノイマン関数　88

は　行

バイアス　39, 84
波長多重技術　5
搬送波成分　96
半波長電圧　22
光回線終端装置　2
光周波数シフト　11
ピークピーク値　36
ファイバ無線　6

索　引

復調　3
プッシュプル　34
フルバイアス　39, 139
分極軸　17
分極反転構造　51
分散　10
ベクトル変調　55
ベッセル関数　84
変調　3
変調器　4
変調信号　22
変調方式　4
変復調　6
母関数　89
ポッケルス効果　15

ま　行

マイクロストリップ線路　23
マッハツェンダー干渉計　28
マッハツェンダー構造　28
マッハツェンダー変調器　30
マルコーニ (G. Marconi)　4
無線 LAN　2
モバイルバックホール　2

や　行

ヤコビ・アンガー展開　92

ら　行

両側波帯搬送波抑圧信号　128
両側波帯変調　127

著者略歴

川西哲也
（かわにし　てつや）

1992年　京都大学工学部電子工学科卒業
1994年　京都大学大学院工学研究科電子
　　　　工学専攻修士課程修了
　　　　松下電器産業生産技術研究所を
　　　　経て，
1997年　京都大学大学院工学研究科電子
　　　　通信工学専攻博士後期課程修了，
　　　　博士（工学）
　　　　京都大学ベンチャービジネスラ
　　　　ボラトリー特別研究員
1998年　郵政省通信総合研究所（現 情報
　　　　通信研究機構）入所
2004年　カリフォルニア大学サンディエ
　　　　ゴ校客員研究員（兼務）
2015年　早稲田大学理工学術院教授
　　　　現在に至る

Ⓒ　川西哲也　2016
2016年6月30日　初版発行

高速高精度光変調の理論と実際
電気光学効果による光波制御

著　者　川　西　哲　也
発行者　山　本　　格

発行所　株式会社　培風館

東京都千代田区九段南 4-3-12・郵便番号 102-8260
電話（03）3262-5256（代表）・振替 00140-7-44725

寿 印刷・三水舎製本

PRINTED IN JAPAN

ISBN 978-4-563-06789-2　C3055